Monika Hannawacker

Freude an ZIRKUSLEKTIONEN für Pferde

Fitness für Körper und Kopf

Müller Rüschlikon

Einbandgestaltung: R2 I Ravenstein, Verden

Titelfoto: Monika Hannawacker
Foto auf der Umschlagrückseite: Jenny Caes

Bildnachweis:
Alexandra Bengel: Videos auf den Seiten 58 + 163
Jenny Caes: Seite 25 + 31
Andrea Zeller: Seite 26 + 105 sowie Videos Seite 106 + 166

Alle übrigen Fotos und Videos stammen von Monika Hannawacker.

ISBN 978-3-275-02268-7

Postfach 103743, 70032 Stuttgart
Ein Unternehmen der Paul Pietsch Verlage GmbH & Co. KG

1. Auflage 2023

Sie finden uns im Internet unter www.mueller-rueschlikon-verlag.de

Gesamtleitung: Claudia König
Innengestaltung: R2 I Ravenstein, Verden
Druck und Bindung: PBtisk a.s. Pribram
Printed in Czech Republic

Inhalt

VIDEO

Dieser Link führt euch zu den in diesem Buch enthaltenen **Video-Clips**.

http://mein.muellerrueschlikon.de/42268

»**Gemeinsame Wege** schenken
Zusammenkunft, Bewusstsein,
Durchhaltevermögen, Zeit
und Entwicklung – besonders
wenn man sie begleitet
und geleitet gehen darf.«

Bettina Bunne, Intuition Pferd

1

Zirkuslektionen – wie ich dazu kam

Vor ziemlich langer Zeit war ich auf der Suche nach einer Winterbeschäftigung für meinen damals noch jungen Cisco. Wir hatten damals keinen Reitplatz und immer nur ausreiten war mir dann auch zu langweilig. Außerdem verwehrten Schnee und Eis oft die Ausflüge und so blieb nur Bespaßung im Auslauf, doch wie? Jetzt wird es ein wenig nostalgisch, denn ein Stöbern im Internet wie heute gab es damals noch gar nicht, also blieben mir Bücher. Nach eifrigem Suchen hatte ich ein für mich passendes Buch gefunden und mich gleich ans Ausprobieren gemacht.

Das klappte auch ganz gut und Cisco zeigte sich mit meinen ersten, noch unsicheren Versuchen sehr nachsichtig. Da war es dann auch ein großer Vorteil, dass wir beide so unbedarft an die Sache herangingen. Um das Ganze zu verfeinern, folgten noch zwei Kurse und Cisco sowie mein Fohlen Milky machten mit Feuereifer mit. So lernten wir drei noch besser, worauf es bei Bodenarbeit und Zirkuslektionen ankommt. Ich bin schon immer recht experimentierfreudig gewesen und so lernte Cisco bald sämtliche Zirkuslektionen, wenn auch auf manchmal ungewöhnlichem Weg, der nicht unbedingt zur Nachahmung zu empfehlen ist. Ich wollte ihm unbedingt das Liegen beibringen, kam aber immer nur bis zum Knien. Irgendwie konnte ich ihm nicht begreiflich machen, was ich von ihm wollte. Ich überlegte mir, was es für einen Untergrund braucht, dass er sich hinlegt, und kam auf einen Laubhaufen. Der kam mir so einladend und »kuschelig« vor und ich hoffte, dass Cisco das genauso sehen würde ...

Im Herbst ist Laub nicht schwer zu finden und der Laubhaufen erfüllte seinen Zweck. Cisco ging ins Knien und fand den weichen Blätterberg dann so einladend, dass er sich einfach reinplumpsen ließ. Natürlich wurde er daraufhin ausgiebig gelobt und mit leckerem Futter verwöhnt. Cisco ließ sich das nur wenige Male zeigen, er hatte es schnell abgespeichert. Auch Milky, mein weißer Haflinger, wusste gleich was er zu tun hatte. Als erfolgsorientiertes Energiesparmodell fand er wenig Arbeit für viel Belohnung schon mal von vornherein ganz toll.

Meine bunte Punktebande, die Appaloosas Carlito, Cisco und Feivel.

So verbreitet waren Pferde, die Zirkuslektionen können, damals noch nicht und mit meinen beiden Trickpferden kamen bald die Fragen von anderen Pferdebesitzern, wie man so etwas denn beibringt. Was anfangs mit Hilfestellung bei Freunden begann, entwickelte sich dann mit mehr Erfahrung zu ersten Unterrichtsstunden und Kursen. Aus dem Begleitheft zu meinen Kursen entstand vor nunmehr zehn Jahren mein kleines Zirkuslektionenbuch.

Cisco und später dann mein Nachwuchspferd Carlito zeigten ihr Können auch auf einigen Vorführungen und Shows. Besonders auf Cisco konnte ich mich dabei immer verlassen. Ich werde nie sein Geschenk an mich vergessen, als er sich in der Arena der *Pferd International* ganz flach hingelegt hat, obwohl Reiter und Kutschen um uns herumgefahren sind. Mein Dusty kam dann zweijährig dazu und er war das Pferd, das die klassischen Lektionen bisher am allerschnellsten gelernt hat. Das erste Mal auf ihm gesessen bin ich als er lag. Er fand das dann ganz normal, als ich aufgestiegen bin, als er stand.
In den vergangenen Jahren durfte ich in den Kursen und Unterrichtsstunden mit vielen verschiedenen Pferden arbeiten und von ihnen lernen. So hat sich Schritt für Schritt meine Vorgehensweise geändert und den Pferden angepasst. Auch sind mir immer wieder Pferde begegnet, die mich aufforderten, mir neu Gedanken zu machen, wie ich am besten mit ihnen kommunizieren kann, um sie zur Mitarbeit zu animieren. So unterscheidet sich bei manchen Übungen meine Herangehensweise von der in meinen früheren Büchern. Deswegen ist diese nicht falsch, aber ich habe für mich durch viele verschiedene Pferde und auch Menschen manche Sachen anders entwickelt, um sie verständlicher vermitteln zu können.

Dann kam Feivel und er forderte mich noch einmal auf besondere Weise. Durch die Zirkuslektionen fand ich einen ganz anderen Zugang zu ihm. Ich konnte dadurch sein Interesse wecken und ihn wieder zu einer Zusammenarbeit bewegen, aus der dann auch Freude an der Beschäftigung kam. Durch die Arbeit mit ihm habe ich zudem gelernt, noch viel mehr auf die Kommunikation mit dem Pferd zu achten, die feinen Signale zu beachten und zu deuten. Da Feivel bei neuen Sachen immer eher skeptisch ist und einige Zeit braucht, um sich damit anzufreunden beziehungsweise auch sie zu verstehen, habe ich durch ihn gelernt, die Übungen in viele kleine Teilschritte zu zerlegen. So hatte er genug Zeit, die Lektionen gründlich zu verinnerlichen und sie dann zu meistern. Mir hat das auch sehr dabei geholfen, die Lektionen besser zu vermitteln.

Feivel hat mir schließlich meinen lange gehegten Traum von einem steigenden Pferd unter dem Reiter erfüllt. Cisco ist ebenfalls einige Male mit mir auf dem Rücken gestiegen, aber er mochte es nie und irgendwann habe ich es dann auch gelassen. Dafür steigt er an der Hand sogar im hohen Alter immer noch gerne. Keines meiner Pferde kann alle Lektionen und aus meiner Sicht muss das auch nicht sein. Sie alle haben ihre Vorlieben und auch Abneigungen. Mir ist es besonders wichtig, dass sie immer offen bleiben und es versuchen. Wenn ich dann merke, dass ihnen eine Übung so gar nicht liegt, dann müssen sie diese auch nicht machen. Manchmal ist auch einfach gerade nicht der richtige Zeitpunkt für eine Übung, später kann es dann schon wieder ganz anders aussehen.

Meine drei Pferde sind typische Freizeitpferde, die einfach alles mitmachen dürfen. Feivel ist mein Reitpferd, während die anderen beiden bereits in Rente sind. Letzteres heißt aber nicht, dass sie nichts mehr tun. Sie werden lediglich nicht mehr geritten. Sie werden ihrem Gesundheitszustand und Alter entsprechend mit Spaziergängen, Bodenarbeit und natürlich Zirkuslektionen beschäftigt und Feivel natürlich auch. Während Carlito durch eine Erkrankung schon früh nicht mehr reitbar war, war Cisco erfolgreich im Turniersport und ist auch bei einigen Shows aufgetreten.

2

Welche Pferde sind geeignet?

Aus meiner bisherigen Erfahrung heraus kann ich sagen, dass Zirkuslektionen und Zirkustricks für alle Pferde geeignet sind, da ihr aus einem sehr breit gefächerten Lektionenpool auswählen und so für jedes Pferd die passende Übung beziehungsweise Übungen finden könnt. Je nach Persönlichkeit und Vorerfahrungen des Pferdes könnt ihr so gut die beste Einstiegsübung auswählen und ihm damit auch Lust auf das Lernen machen. Es wird natürlich immer Lektionen geben, die ein Pferd nicht mag oder auch nicht ausführen kann, aber schon die Beschäftigung mit einer oder zwei Übungen bringt sehr viel für das Lerntraining und die Beweglichkeit von Körper und Geist.

Als Einstiegsalter in einen Kurs gebe ich immer mindestens zwei Jahre an, da sich jüngere Pferde noch gar nicht lange konzentrieren können und schnell überfordert wären. Habt ihr jedoch schon etwas Erfahrung mit Zirkuslektionen, könnt ihr auch mit einem jüngeren Pferd bereits erste

Jungpferde sind oft sehr mutig und neugierig beim Ausprobieren, wenn man ihnen ein wenig Hilfestellung gibt.

Übungen trainieren. Sogar Fohlen lernen durch Zuschauen, wenn die älteren Pferde oder die Mama an den Hindernissen gearbeitet werden. Da ist es oft nicht mehr weit, bis sie von sich aus anfangen, sich spielerisch damit zu beschäftigen.

Bei so jungen Pferden ist es dann die Aufgabe des Menschen, das Ganze sachte zu lenken, damit sie keine schlechten Erfahrungen machen. Der Vorteil dabei ist, dass junge Pferde meistens sehr neugierig und lerneifrig sind und ihr daheim eure Übungszeit der Konzentrationsfähigkeit des jungen Pferdes gut anpassen könnt. Ganz kurze Einheiten mit viel Lob und Nachdenkpausen dazwischen sind ideal für Jungpferde. Die meisten jungen Pferde sind für kleine Lerneinheiten schnell zu begeistern und lernen rasch. Das heißt aber auch, dass ihr das Lernen in die richtigen Bahnen lenken müsst, denn sie lernen nicht nur erwünschte Übungen sehr schnell, sondern auch unerwünschte Verhaltensweisen können sich fix einschleichen. Die Jungspunde können sehr kreativ werden.

Ein zu alt gibt es nicht, denn jedes Pferd kann von den Übungen profitieren, wenn sie an seinen Fitnesszustand angepasst werden. Das älteste Pferd ohne jegliche Erfahrung mit Zirkuslektionen in meinen Kursen war 30 Jahre alt. Es hatte großen Spaß daran. Sein einziges Handicap waren die fehlenden Zähne, durch die seine Belohnungsfresspausen recht lange dauerten. Die meisten älteren Pferde haben bereits mit mehr oder weniger starken Bewegungseinschränkungen zu kämpfen und so ist es besonders wichtig, dass sie gut aufgewärmt

Auch mit 30 machen Zirkuslektionen noch Spaß und halten jung.

an Übungen gehen, die Dehnungen erfordern. Natürlich gilt das auch für jüngere Pferde, aber die Oldies brauchen doch eine längere Anlaufzeit, auf die ihr achten müsst. Die Pferde selber sind oft sehr eifrig, wenn sie einmal eine Übung erlernt haben, und das gilt auch oder sogar besonders für die Oldies, mit denen sonst nicht mehr viel gearbeitet wird.

Mein Cisco hat die Übungen als junges Pferd gelernt und mit 31 führt er sie immer noch gerne und eifrig aus. Sie sind eine willkommene Ergänzung im regelmäßigen Training. Lediglich Übungen, die viel Kraft erfordern, sind ihm nicht mehr so gut möglich. Seine Paradeübung war immer das Steigen aus dem Knien und das ist im hohen Alter zu anstrengend für ihn, aber dafür legt er sich immer noch beim Spanischen Schritt richtig ins Zeug.

Gerade die älteren Pferde haben durch die angepassten Lektionen eine Aufgabe, können sich präsentieren und bekommen Lob dafür. Die meisten Oldies haben eine ausgeprägte eigene Meinung und sind schon sehr gefestigt in ihren Ansichten. Daher werdet ihr sehr schnell merken, welche Übung bei eurem älteren Pferd Begeisterung auslöst und welche so gar nicht gut ankommt. Manchmal gibt es da ganz überraschende Erkenntnisse und es entwickeln sich im Alter noch ganz neue Vorlieben.

Es lässt sich zwar für jedes Pferd die passende Lektion finden, aber bei gesundheitlichen Einschränkungen müsst ihr darauf achten, dass die jeweilige Übung das Problem nicht noch verschlimmert. Darum ist bei den einzelnen Lektionen auch beschrieben, welche körperlichen Belastungen damit einhergehen. Es ist auch ganz egal, ob ein Pferd schnell oder langsam lernt. Alle

Pferde werden im Laufe des Trainings geschickter und aufmerksamer und lernen dadurch besser. Ihr müsst nur die richtige Motivation und auch Lehrmethode für euer Pferd herausfinden. Das Allerwichtigste: Erkennt und freut euch über die Fortschritte, egal wie groß oder klein sie sind. Für euer Pferd ist jeder kleine Schritt ein Erfolg und es verdient die volle Aufmerksamkeit dafür.

Mein verstorbener Dusty war für mich das Pferd, das die meisten Lektionen am schnellsten verinnerlicht hat. Er hat in nur drei Einheiten ohne Zwang Kompliment, Knien und Liegen gelernt und alles gerne gezeigt. Feivel dagegen hat für das freie Kompliment über ein Jahr benötigt, während das Liegen zwar schneller ging, aber auch noch seine Zeit gebraucht hat.

Die Zeit, die ein Pferd zum Lernen braucht, ist individuell und damit absolut richtig und in Ordnung. Ich habe mich bei beiden über jeden ganz großen und auch ganz kleinen Fortschritt gefreut. Ihr habt sicher schon öfter Showpferde gesehen, die frei auftreten oder unter dem Reiter Zirkuslektionen vorführen. Das sieht dann alles so perfekt aus und das eigene Pferd braucht vielleicht ewig, um eine Kleinigkeit zu erlernen. Ihr dürft dabei nicht vergessen, dass ihr bei diesen Vorführungen Spezialisten seht, die für ihren Job genauso ausgewählt werden wie ein Spring-, Dressur- oder Westernpferd, das in den hohen Klassen brillieren soll.

Eure »Freizeitpferde« aber leisten da eigentlich viel mehr. Sie sind keine Spezialisten, die sich nur auf einen Job konzentrieren müssen, sondern sollen so vieles auf einmal sein. Sie sind Dressur-, Spring- oder Westernpferd, Fahrpferd, braves unerschrockenes Ausreitpferd, sollen sich überall brav führen lassen und spazieren gehen, sind Kinderpferd, machen Freiarbeit, Bodenarbeit und so nebenbei dann noch Zirkuslektionen. Was für eine tolle Leistung! Achtet und liebt sie dafür was sie und wer sie sind, mit ihrer ganz eigenen Persönlichkeit.

3

Welchen Nutzen haben Zirkuslektionen?

Vor etlichen Jahren, als das Training an Zirkuslektionen noch nicht so bekannt war, war ich in einem traditionellen Reitstall und in der Mittagspause schaute auch der Stallbesitzer vorbei. Er fragte dann ganz interessiert, welche Wettbewerbe es denn für diese Art der Beschäftigung geben würde. Auf meine Antwort »gar keine« meinte er dann »aber dann ist das doch komplett sinnlos«. Nun, aus seiner sehr leistungsorientierten Sicht war das sicher so, aber auch wenn es inzwischen Showwettbewerbe gibt, haben die Zirkuslektionen und auch schon das Training vielerlei Nutzen.

Zirkuslektionen bieten eine Abwechslung für Pferd und Mensch im Alltag. Die Pferde bleiben so vielseitig interessiert und lernen sich mit neuen Dingen und Bewegungen zu beschäftigen. Sie lernen zu lernen und werden anpassungsfähiger, aufmerksamer sowie weniger schreckhaft. Die gemeinsamen Erfahrungen beim Erlernen der

Zirkuslektionen fördern die Beziehung zum Pferd.

Lektionen und vor allem der kleinschrittige Aufbau und die vielen kleinen Erfolge auf dem Weg zum Endergebnis fördern die Beziehung zwischen Mensch und Pferd. Die Pferde fühlen sich mehr angenommen und bestätigt. Oft wachsen sie so über sich hinaus. Die Menschen lernen mit ihren Pferden zu kommunizieren und Übungen verständlich zu vermitteln. Das fördert enorm das Vertrauen zueinander.

Ich weiß noch, wie eine Teilnehmerin am zweiten Kurstag ganz aufgeregt zu mir kam und mir überglücklich erzählte, dass sie sich gerade das allererste Mal ihrem liegenden Pferd nähern und sich zu ihm setzen konnte. Gerade bei diesem Pferd war so deutlich zu sehen, wie es am zweiten Tag regelrecht aufblühte und die Besitzerin mehr Verständnis für seine Reaktionen entwickelte. Die beiden sind inzwischen ein Dreamteam und richtige Experten.

Auch bereits abgestumpfte Pferde, die oft das Interesse an einer Zusammenarbeit mit dem Menschen verloren haben, können mit Zirkuslektionen und kleinen Tricks wieder aufgeweckt werden. Gerade bei Pferden, die sich noch nie mit diesen Sachen beschäftigt haben, ist es immer wieder schön, wenn ich beobachten kann, wie sie echtes Interesse und Freude an der Mitarbeit zeigen. Sie beginnen langsam selbstständig Ideen anzubieten und zu entwickeln, die ich dann bestärken und in gewünschte Bahnen lenken kann. Dadurch bekommen sie ein ganz neues Selbstbewusstsein.

Übereifrige und hektische Pferde, die sich schlecht konzentrieren können, lernen durch Zirkuslektionen genau zu arbeiten und geduldig zu sein. Bei solch einem Pferd besteht die meiste Zeit des Trainings aus Warten, bis es nichts mehr macht. Erst dann darf es zur Belohnung die Lektion ausführen. Ich bestrafe die Pferde nicht für ihr unerwünschtes Verhalten, sondern warte einfach, bis sie selber zur Ruhe kommen, solange keine Gefahr für Leib und Leben von Mensch oder Pferd besteht. Innerhalb recht kurzer Zeit lernen sie dann selbst, dass nur Ruhe zur gewünschten Aufmerksamkeit führt. So trainieren sie sich selbst und sind meist sofort mit Feuereifer und dennoch kontrollierbar bei der Sache.

Schüchterne und unsichere Pferde profitieren besonders von den offensiven Übungen wie dem Spanischen Gruß/Schritt oder der Podestarbeit.

Dadurch entwickeln sie einen ganz neuen Mut und trauen sich schon bald mehr zu. Diese beiden Übungen stärken auch ganz besonders die Koordination des Pferdes und nicht zu vergessen die des Menschen. Die Pferde lernen, ihre Beine ganz gezielt zu setzen und neue Bewegungen zu koordinieren. Daneben bieten die verschiedenen klassischen Übungen vielfältige Möglichkeiten, die Muskeln zu dehnen, die Schulterfreiheit zu fördern und eine bessere Balance zu entwickeln. Auf die einzelnen Übungen und ihren besonderen Nutzen gehe ich in den folgenden Kapiteln noch näher ein.

Eines meiner Pferde hatte am Anfang ganz wenig Interesse an einer Kommunikation mit dem Menschen und traute sich auch nicht, Dinge zu versuchen. Ihn habe ich mit dem gelben Ring und der Apportierübung aus der Reserve locken können. Er hatte bald begriffen, dass er nur den Ring ins Maul nehmen und festhalten muss, um ganz viel belohnt und gelobt zu werden, also wenig Arbeit für viel Belohnung. Ihm war schon nach kurzer Zeit klar, was richtig ist, sodass er sich sicher fühlen konnte. Auch bei den ersten zaghaften Freiarbeitsversuchen hat mir der gelbe Ring so geholfen, denn mein Pferd konnte sich nur auf den Ring konzentrieren, den ich in der Hand hielt und so langsam das Vertrauen und den Mut aufbauen, von sich aus hinter mir her zu laufen. Nur eine kleine Übung und doch so unendlich viel mehr.

Durch die vielseitige Arbeit ist Feivel trittsicherer und mutiger geworden.

4

Welche Voraussetzungen braucht ihr für das Training?

Die wichtigste Voraussetzung beim Menschen ist das Interesse und die Freude an der Beschäftigung mit dem Pferd, alles andere kann man erlernen. Das Pferd muss für den Anfang gar nicht viel können, daher sind Zirkuslektionen auch sehr gut für nicht gerittene oder nicht reitbare Pferde geeignet. Es sollte bereits ein Führtraining absolviert haben und als wichtigste Grundbedingung auch ruhig stehen können, damit ihr wirklich gezielt mit ihm arbeiten und ihm Hilfestellung anbieten könnt. Wenn euer Pferd das noch nicht kann, dann sind das auch gleich die ersten Übungen, die ihr mit ihm machen solltet. Darum erkläre ich diese später noch.

5

Wie könnt ihr **die Motivation** fördern und erhalten?

Wir arbeiten nicht umsonst und bei unseren Pferden ist das nicht anders. Die Zusammenarbeit mit uns muss sich für das Pferd lohnen. Kein Pferd wiederholt von sich aus eine Tätigkeit mehrmals, die nicht in irgendeiner Weise lohnend ist. Ob das nun zum Beispiel ein verbales Lob, einfach »nur« Aufmerksamkeit, Futterlob oder auch eine kurze Pause ist – für unser Pferd muss die Zusammenarbeit mit uns angenehm sein. Ich habe festgestellt, dass die meisten Pferde besonders motiviert mitmachen, wenn sie sich selber mit einbringen dürfen und nicht nur exakt Befehle ausführen müssen. Sie werden dann mit der Zeit immer interessierter und aufmerksamer bei der Mitarbeit.

Wenn ihr mit eurem Pferd neue Übungen einübt, dann lasst es auch einmal selber Dinge ausprobieren und bestärkt schon ganz kleine Ansätze in die richtige Richtung. Dabei solltet ihr das Pferd zwar anleiten, aber immer schauen, dass es gar nicht in die Verlegenheit kommt, Fehler zu machen, die ihr korrigieren müsstet, während ihr so eine Gelegenheit findet zu loben. Das schafft gleich am Anfang kleine Erfolgserlebnisse und die Pferde werden immer eifriger und bemühter. Das erreicht ihr auch dadurch, dass ihr die Übung frühzeitig mit einem Lob beendet und nicht so lange ausdehnt, bis euer Pferd sie nicht mehr richtig ausführt.

Noch ein kleiner Tipp: Ich werde öfter mal gefragt, wie man eine gute Beziehung zu seinem Pferd aufbauen kann. Das ist ganz einfach, der Schlüssel dazu ist Zeit. Nicht nur Zeit für Training und Reiten, sondern Zeit für das Pferd, die mit ihm verbracht wird. Beobachtet euer Pferd in seinem Alltag, wie es mit den anderen Pferden interagiert, seid einfach mit ihm zusammen, ohne etwas zu fordern. Und vor allem: Freut euch über die vielen großen Kleinigkeiten, die euer Pferd täglich für euch tut. Es ist nicht selbstverständlich, dass ein Fluchttier sich das Bein festhalten lässt oder es freiwillig hergibt. Wartet nicht auf das große Feuerwerk, sondern lobt auch jede kleine Wunderkerze. Mit jedem Lob wird euer Pferd weiter wachsen und immer noch großartiger werden.

Welche Art der Belohnung oder Bestätigung ihr

Leckerlis sind nicht nur eine willkommene Belohnung.

Ein Leckerli zur Belohnung, Entspannung und als Wohlfühlmoment.

einsetzt, kommt auf den Pferdetyp an, mit dem ihr arbeitet.

Leckerlis

Leckerlis sind natürlich eine sehr hilfreiche und offensichtliche Belohnung. Die meisten Pferde reagieren sehr gut darauf und werden immer eifriger. Bevor ich aber mit Leckerlis arbeite, muss ich meinem Pferd beibringen, wie ich will, dass es diese nimmt. Ich nenne das einfach Fütterungshöflichkeit. Vielfach kommt das Argument, dass man sich mit der Fütterung aus der Hand ein rüpeliges und aufdringliches Pferd zieht. Meine Gegenfrage ist dann: »Habt ihr eurem Pferd schon mal erklärt, wie es sich die Belohnung holen darf?« Und genau das ist der Punkt. Kein Pferd kommt mit dem Wissen zur Welt, wie man denn so als Vierbeiner mit seinem aus Pferdesicht doch recht empfindlichem Menschen umgeht. Das müssen wir ihm erklären.

Mein Feivel konnte mit Leckerlis am Anfang überhaupt nicht umgehen. Sobald er eines in meiner Hand erspäht hatte, riss er das Maul auf und hätte wohl meine ganze Hand mit Leckerlis verschlungen, wenn ich nicht aufgepasst hätte. Eine Strafe wäre hier komplett falsch gewesen. Er wusste es ja einfach nicht besser. Also habe ich ihn am Halfter genommen, seinen Kopf in eine gerade Position gebracht und ihm das Leckerli ganz schnell dicht unter sein Maul gehalten. Auf diese Weise bekam er es gereicht. Zuerst riss er das Maul immer noch sehr weit auf und ich musste schon aufpassen, dass nicht versehentlich ein Finger mit reinrutschte, aber da er sich die Belohnung nicht mehr »erschnappen« musste, wurde er immer ruhiger und vorsichtiger. Jeden Teilschritt, der schon ruhiger war, habe ich auch noch verbal gelobt, um ihm zu vermitteln, was ich von ihm erwartete. Heute kann ich ihm die Belohnung, auch eine winzig kleine, zwischen zwei Fingern hinhalten und er nimmt sie ganz vorsichtig an. Allerdings hat das schon eine Weile gedauert.

Gerade bei heftigen und übergriffigen Pferden empfiehlt es sich, sie am Anfang nur am Halfter mit Leckerlis zu belohnen. Auf diese Weise könnt ihr ihnen zur gewünschten Position verhelfen und gleichzeitig verhindern, dass eure Hand mit angeknabbert wird. Ist das Pferd nicht ganz so heftig, sondern nur ein wenig ungeschickt und aufdringlich, dann genügt es auch, wenn ihr seinen Kopf konsequent mit der flachen Hand zur Seite in eine gerade Position schiebt und ihm dann das Leckerli reicht. »Das Leckerli reichen« heißt, dass ihr eure Hand zum Maul des Pferdes führt und damit verhindert, dass es in euren Bereich eindringt und sich die Belohnung schnappt.

Höfliche Pferde dürfen sich später durchaus auch mal ein Leckerli holen, aber es gibt Kandidaten, da bleibt man besser dabei und gibt ihnen somit eine feste Regel. Wichtig dabei ist, dass ihr nicht zu lange mit dem Leckerligeben wartet, weil das Pferd sonst wieder ungeduldig und zappelig wird. Also Kopf in eine gerade Position und sofort Leckerli reichen. Mit der Zeit lernen die Pferde von selber ruhig abzuwarten, bis die Belohnung kommt. Die Belohnung mit Leckerlis ist mit der größte Verstärker, den wir zur Verfügung haben und gezielt eingesetzt erleichtert sie das Training sehr.

Nun gibt es Pferde, die man viel und für jeden kleinen Teilschritt mit Leckerlis belohnen kann, und andere, die davon eher unkonzentriert und zappelig werden. Welcher Typ euer Pferd ist und wie die Art der Belohnung aussehen sollte, erkennt ihr daran, ob es nur noch auf Leckerlis oder eure Tasche fixiert ist und euch fast nicht mehr beachtet, oder ob es die Belohnung annimmt und dann gleich wieder auf euch schaut. Neben dem Belohnungseffekt helfen Leckerlis auch beim Stressabbau, denn Luft anhalten und gleichzeitig kauen geht einfach nicht. Durch das Kauen kommt wieder mehr Ruhe ins Pferd, es schnauft durch und ist wieder aufnahmebereiter. Auch ist die Leckerlipause gerade bei Pferden, die neue Sachen eher langsam verarbeiten, besonders wertvoll, weil sie ihnen Zeit gibt und anzeigt, dass jetzt eine Nachdenk- und kurze Ruhepause folgt. Diese Pferde werden auch öfter bei ganz kleinen Schritten mit Leckerlis belohnt und bekommen so ihre Denkmomente.

Feivel ist so ein Typ. Er braucht die Leckerlis, damit er weiß, dass er es richtig gemacht hat und nun eine kurze Pause bekommt. Da er dazu neigt, sich zu stressen, wenn er etwas nicht gleich versteht, hilft ihm dieses sehr klare Signal auch beim Entspannen.

Die zappeligen Vertreter sind meist sowieso voll dabei und wollen Action haben. Mit vielen Leckerlis macht man die eher verrückt und noch zappeliger. Sie bekommen eine Leckerlibelohnung nur für einen großen Lernschritt und auch nicht bei Übungen, die Ruhe erfordern. Damit würdet ihr genau das Gegenteil erreichen.

Das ist bei meinen unterschiedlichen Pferden eindeutig Carlito. Carlito ist sehr leckerlifixiert und bekommt diese Art der Belohnung nur sehr gezielt und nie bei Übungen, die Ruhe erfordern. Er wird sonst zappelig und konzentriert sich nur noch auf eine Sache – ***Wie kann ich mir möglichst schnell das Leckerli schnappen?*** **Er spricht aber auch sehr gut auf verbales Lob an.**

Verbales Lob

Verbales Lob ist sehr praktisch, haben wir doch unsere Stimme – fast – immer dabei. Pferde reagieren auch sehr gut und fein darauf. Sie merken es, wenn ihr euch richtig freut und dem auch Ausdruck verleiht. Also nicht schüchtern sein, wenn euer Pferd etwas gut gemacht hat, dann dürft ihr es ihm auch überschwänglich mitteilen. Je freudiger ihr dabei seid, desto besser kommt es auch beim Pferd an. Gerade das verbale Lob kann ich sehr gezielt und genau einsetzen und auch auf die Entfernung. Ihr könnt es außerdem

Das hast du toll gemacht!

Zuwendung/Kraulen

Je nach Pferdetyp kann auch Kraulen an der Lieblingsstelle eine Belohnung sein. Kennt ihr diese bei eurem Pferd? Manche Pferde haben ganz bestimmte Stellen, an denen sie fest oder leicht gekrault werden wollen. Das kann an der Brust sein oder am Widerrist, wie es auch bei der Fellpflege zwischen den Pferden gemacht wird. Andere wollen einfach ganz engen Kontakt zu euch haben und es hilft ihnen auch zu entspannen. Dieser enge Kontakt darf allerdings nicht in ein Bedrängen oder Wegdrücken des Menschen ausarten, sondern sollte leicht bleiben und von euch ausgehen. Mit entsprechenden Höflichkeitsregeln darf dann auch gekuschelt, der Kopf beim Menschen angelehnt oder geleckt werden.

Feivel liebt es, gestreichelt zu werden.

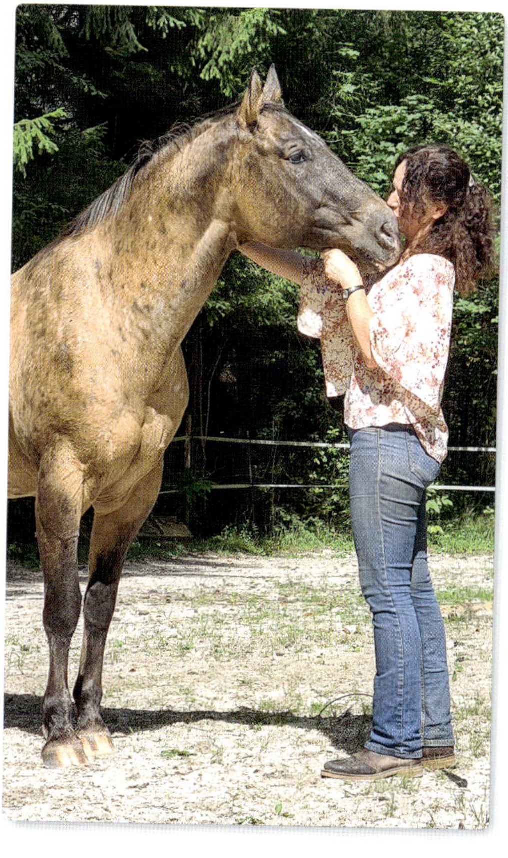

noch verstärken, indem ihr es anfangs in Zusammenhang mit einem Leckerli verwendet. Hierbei lobt ihr zuerst und zeitnah kommt das Leckerli dazu. Das verstärkt die Wirkung ganz ungemein, auch wenn es später dann ohne die Futterbelohnung eingesetzt wird.

Wir Menschen quasseln sehr gerne und neigen dazu, unsere Pferde zuzutexten. Achtet also darauf, dass das Lob wirklich hervorsticht und für euer Pferd auch eindeutig als solches erkennbar ist. Ihr dürft natürlich mit eurem Pferd reden. Eine gute Gelegenheit dafür ist auch noch vor der Übung. Es hilft nämlich tatsächlich, wenn ihr eurem Pferd die Übung vorher erklärt. Klingt komisch, aber hilft wirklich und zwar nicht, weil euer Pferd jedes Wort versteht. Indem ihr die Übung für euer Pferd in Worte fasst, habt ihr ein viel klareres Bild vom Ablauf im Kopf und könnt anschließend viel zielgerichteter und genauer herangehen und das hilft eurem Pferd gleich viel weiter.

6

Wann braucht das Pferd **Ruhepausen?**

Generell möchte ich, dass mein Pferd gerne mit mir zusammenarbeitet und nicht froh ist, wenn ich es in Ruhe lasse. Beim Erlernen von neuen Übungen sind Ruhepausen sehr wichtig zum Verarbeiten, aber ihr könnt sie auch durchaus zur Belohnung einsetzen. Gerade Pferde, die von sich aus nicht so aktiv sind, empfinden Pausen als Belohnung. Für sehr aktive Pferde ist es eher eine weitere Übung und auch eine Geduldsprobe – hier meistens für beide Seiten. Bei diesen Pferden ist ein Entlassen in die freie Bewegung eine naheliegendere Belohnung. Also müsst ihr im Training abwägen, welchen Typ Pferd ihr habt.

Etwas anderes sind die Ruhepausen vom Training, die eure Pferde brauchen, um neue Sachen zu verarbeiten. Gerade bei Neuem ist es sehr wichtig, dass ihr eurem Pferd immer wieder die Gelegenheit gebt, sich mit dem Erlernten alleine auseinanderzusetzen. Es macht auch nichts, wenn einige Tage zwischen den Lerneinheiten liegen.

Feivel braucht seine Entspannungszeiten, besonders beim Erlernen von neuen Übungen.

Bei meinen Kursen bekommen die Pferde (und Menschen) in zwei Tagen sehr viel Input, neue Ideen und Übungen. Bei so viel Füllmaterial für den Kopf ist es ganz wichtig, dass die Pferde mindestens eine Woche Pause bekommen, in der sie gar nichts von den neuen Sachen machen müssen. Die Belohnung für die Geduld, denn die meisten Menschen sind danach immer sehr motiviert, ist dann, dass die Pferde bereits von ganz alleine viel weiter sind als sie es am Kursende waren.

Wie erkennt man Stressanzeichen?

Bei dem Training der verschiedenen Zirkuslektionen wird euer Pferd oftmals mit neuen Gegenständen oder auch neuen Bewegungen konfrontiert. Das läuft nicht immer ganz stressfrei ab. Ob dieser Stress für euer Pferd zu viel wird, solltet ihr frühzeitig erkennen und dann einen Schritt zurück im Training machen und ihm mehr Zeit geben oder auch einen anderen Ansatz suchen. Wie sich Stress äußert, ist bei jedem Pferd unterschiedlich und kommt auf den Typ an, den es verkörpert.

Da gibt es die eher hektischen Typen, die bei Stress anfangen herumzuspringen, den Kopf hochzureißen und ganz große Augen zu machen. Das ist die Reaktion, die sich die meisten Menschen unter Stress beim Pferd vorstellen und sie ist auch schwer zu übersehen.

Dann gibt es aber noch die vielen kleinen Zeichen, die ihr leicht übersehen könnt, wenn ihr nicht aufmerksam seid. So zeigen sich oft viele Falten ums Maul und dreieckige hochgezogene Augenbrauen, wenn die Pferde überfordert sind. Dann gibt es noch die ganz stillen Typen, die oft fälschlicherweise als stur bezeichnet werden. Diese Pferde machen einfach gar nichts mehr. Sie stehen nur da und frieren förmlich ein. Wenn ihr die Pferde in dieser Situation berührt, spürt ihr sofort ganz feste und angespannte Muskulatur. Leider reagieren viele mit mehr Druck oder gar Gewalt, um diese sturen Pferde zu »motivieren«. Dabei geht in dieser Situation gar nichts mehr, außer zur Ruhe zu kommen und ganz kleinschrittig mit kleinen Erfolgen und großen Belohnungen den Pferden wieder Sicherheit zu vermitteln und sie sozusagen »aufzutauen«.

Ich hatte in einem Kurs einmal eine ältere Kaltblutmixstute, die vorsichtig interessiert war. Bei den Vorübungen zum Kompliment hatte sie noch gut mitgemacht, aber als es dann ans Bein-Hochheben und Sich-leicht-Bewegen ging, kam gar nichts mehr. Sie stand einfach nur da, ganz starr, mit in sich gekehrtem Blick und zur Seite gekippten Ohren. Auch nach einer Pause und nochmaliger Wiederholung der schon guten Übungen kam keine Reaktion mehr. Die Besitzerin hatte noch ein zweites Pferd dabei und wir beschlossen, die Stute nach Hause zu schicken, weil sie sicher daheim in der vertrauten Umgebung und mit mehr Ruhe besser lernen würde. Die Besitzerin hat dann langsam mit ihr geübt und sich ihrem Tempo im Verarbeiten angepasst. Ein Jahr später waren die beiden wieder im Kurs. Das letzte Stückchen zum Kompliment fehlte im Training noch, aber bei der guten Vorarbeit und den für die Stute jetzt bekannten Übungen, war das letztlich gar kein Problem mehr. Ganz willig hat sie die Übung in ihrem eigenen Tempo ausgeführt.

Ein guter Indikator für Stress sind auch Leckerlis. Habt ihr ein Pferd, das sonst immer Leckerlis nimmt und auf einmal die Belohnung im Maul verschwinden lässt und nicht kaut, dann ist das schon ein starkes Stressanzeichen. Manche Pferde nehmen auch gar kein Leckerli mehr an. Dazu kommt meistens noch eine gepresste Atmung. Das ist sozusagen schon »Alarmstufe Rot«. In dieser Situation ist kein Lernen mehr möglich. Sobald euer Pferd also starke

Stressanzeichen zeigt, ist es höchste Zeit einen Schritt zurückzugehen und auch den Übungsaufbau noch mal zu überdenken. Ihr könnt mit eurem Pferd erst mal eine Runde gehen, eine Ruhepause einlegen und es dann eine ganz einfache Übung ausführen lassen, die es sicher kann und für die es natürlich ganz viel gelobt wird. Dann ist es Zeit für eine längere Pause oder auch einfach mal Schluss für heute. Je nachdem, was für ein Typ euer Pferd ist, hilft es auch, etwas Entspannendes mit ihm zu machen wie Kraulen an der Lieblingsstelle oder den Kopf in den Arm nehmen, wenn es das kennt und mag.

Was könnt ihr tun, wenn der Kopf voll ist?

Dann ist es höchste Zeit für eine Pause, denn es geht einfach nichts mehr hinein. Ihr könnt das daran erkennen, dass euer Pferd viel gähnt oder sehr anlehnungsbedürftig wird. Manche Pferde fangen auch an zu schnappeln, werden richtig lästig oder brauchen unbedingt etwas, um darauf herumzulutschen, bevorzugt den Gertengriff. Das ist nicht böse gemeint, sondern eine Überreaktion. Es kann auch passieren, dass euer Pferd anfängt, mit den Vorderbeinen auszuholen oder beim Anfassen am Bein nicht mehr ruhig stehen kann. Auch das ist eine Überreaktion, die ihr nicht bestrafen solltet, außer euer Pferd geht direkt gegen euch. Das kommt allerdings selten vor. Also einfach das Pferd leicht wegschieben, wenn es zu arg wird, eventuell eine ruhige Runde gehen und die benötigte Pause gewähren oder das Training für diesen Tag beenden.

Zwischendurch einfach mal weg: laufen und sich wälzen.

Wie lange sich ein Pferd konzentrieren kann, hängt von vielen Faktoren ab. Junge Pferde können sich noch gar nicht lange konzentrieren und sind oft schon nach wenigen Minuten richtig fertig. Das Gleiche gilt übrigens auch für Pferde, mit denen noch nicht viel in der Richtung gearbeitet wurde oder die kaum Abwechslung kennen. Diese Pferde müssen erst langsam lernen, sich zu konzentrieren und zu kombinieren.

Anfangs sind sie oft schon mit ganz kleinen Aufgabenstellungen sehr stark gefordert, auch wenn ihr vielleicht denkt, dass sie noch gar nicht viel geleistet haben. Aber je mehr Nachdenkzeit ihr eurem Pferd am Anfang gönnt, desto leichter fällt es ihm, sich darauf einzulassen. Je mehr Denksportaufgaben ein Pferd schon gelöst hat, desto länger kann es sich auch auf eine Sache richtig konzentrieren und mitarbeiten.

Feivel konnte sich am Anfang, als wir mit solchen Übungen angefangen und auch kleine Freiarbeitslektionen mit eingebaut haben, gar nicht lange konzentrieren. Schon nach zwei bis drei Minuten war sein Kopf voll und er wurde unruhig, fing an zu schnappen und seine Koordination ließ sehr nach. Also habe ich ihn bewusst entlassen. Feivel nahm das auch sofort an und sauste davon, buckelte sich kräftig aus und war mehr in der Luft als am Boden. Danach kam er lieb zurück, oft konnte er dann auch wieder eine kurze Zeit mitarbeiten.

7

Wie werden **Zirkuslektionen trainiert?**

Am besten erklärt man den Pferden die Übungen in aller Ruhe.

Bevor ihr mit dem Training einer Übung beginnt, stellt ihr euch die kleinstmögliche Reaktion eures Pferdes auf eure Forderung vor und diese Reaktion wird sofort belohnt und gelobt. Solltet ihr dann doch mal mehr bekommen, ist das toll, aber es muss nicht sein. Indem ihr euer Pferd aufmerksam beobachtet und diese erste kleine Reaktion beachtet, bestärkt ihr euer Pferd und ermuntert es mit der Zeit zu mehr Eigeninitiative. Ich bekomme es in den Kursen öfter mit Pferden zu tun, von denen die Besitzer behaupten, sie hätten kein Interesse oder wären zu faul. Meistens sind das aber Pferde, die sich nicht richtig trauen und deren oftmals ganz kleine Erstreaktion einfach übersehen wird. Stattdessen werden dann die Hilfen verstärkt und das ohnehin schon verwirrte Pferd weiß nun gar nicht mehr, was es tun soll und tut einfach nichts.

Wenn man nun diese Pferde beobachtet und sie hoffentlich auch noch mal mit winzig kleinen Gesten zeigen, dass sie mitarbeiten wollen, dann sind sie richtig erleichtert, sobald sie dafür Lob und Bestärkung bekommen. Sobald sie auf dem richtigen Weg sind, machen sie oft einen erheblichen Sprung vorwärts ins Verstehen und selber Ausprobieren. Das bezieht sich nicht nur auf Zirkuslektionen, sondern auch die kleinen Alltagsaufgaben können so trainiert werden. Auch beim Hufegeben, Gebissnehmen oder Halfteranziehen können eure Pferde mithelfen, wenn ihr ihnen die Möglichkeit dazu gebt, sie anleitet und ihnen erklärt, was sie genau tun sollen. Es gibt verschiedene Arten, dem Pferd zu vermitteln, was wir von ihm erwarten. Vielleicht kennt ihr das ja, dass euer Pferd eine Aktion wie zum Beispiel Gähnen ausführt und ihr es gerne hättet, dass es das auch auf Kommando kann. Dafür müsst ihr ein Kommando als Wort- oder Sichtzeichen geben, während euer Pferd die Aktion ausführt und es sofort loben und belohnen. Am Anfang hat der Vierbeiner natürlich überhaupt keine Ahnung,

Schon die Kleinen sind neugierig und probieren gerne Dinge aus.

was das denn bedeuten soll, aber durch die stetige Wiederholung fängt er langsam an, auf das Kommando zu reagieren. Je öfter das Pferd so etwas schon gemacht hat, desto schneller wird es auf ein Kommando reagieren. Jetzt kommt der wichtige Part – sobald euer Pferd zuverlässig auf das Kommando reagiert, belohnt ihr die Aktion nicht mehr, wenn es sie von sich aus ausführt und anbietet. Das erfordert schon einiges an Selbstbeherrschung vonseiten des Zweibeiners, aber das ist sehr wichtig, um die Lektion abrufbar und auch abstellbar zu machen.

Diese Methode funktioniert übrigens nicht nur bei einfachen Aktionen, sondern ist auch sehr gut dafür geeignet, dem Pferd das Liegen beizubringen. Nun ist es aber nicht immer so, dass euer Pferd euch eine Lektion sozusagen anbietet. Ihr könnt für den Anfang auch eine gewünschte Bewegung beziehungsweise Aktion herbeiführen und diese mit einem Kommando verknüpfen und belohnen. Diese Methode könnt ihr sehr gut bei Lektionen wie dem Lachen oder Beineheben anwenden. Wie ihr solche Aktionen auslösen und damit abrufbar machen könnt, erkläre ich bei den einzelnen Übungen noch. Manchmal ergeben sich aber auch durch Zufall Möglichkeiten, die ihr dann einfach weiter ausbauen könnt.

So hatte ich im Kurs einmal ein Pferd dabei, das sich jedes Mal, wenn die Besitzerin ihm die Gamaschen anlegte, mit überkreuzten Beinen kratzte. Ich bat sie, sich vor ihr Pferd zu stellen und die Bewegung zu imitieren. Etwas zeitversetzt wurde das Pferd dann überschwänglich gelobt, während es die Bewegung ausführte. Zuerst war es sichtlich irritiert, warum es denn nun gelobt wird, aber es dauerte gar nicht mehr lange, bis es anfing, auf das Beinekreuzen seiner Besitzerin zu warten und dann seinerseits die Bewegung zu imitieren. Nach einigen erfolgreichen Wiederholungen klappte es auch ohne die Gamaschen.

Etwas schwieriger ist es bei komplexen Lektionen wie dem Kompliment. Hier gebt ihr Hilfestellung für eine Bewegung, bis euer Pferd diese ausführt und baut diese Unterstützung dann Schritt für Schritt wieder ab, sodass das Pferd langsam an die selbstständige Übung herangeführt wird. Wie das geht, beschreibe ich später noch genauer. Um eine Verknüpfung eines Kommandos mit einer Aktion des Pferdes zu erreichen, dürft ihr das Kommando erst geben, wenn ihr sicher seid, dass euer Pferd die Bewegung auch ausführt. Das Endziel ist immer die Übung unter Signalkontrolle zu bringen. Das heißt nichts anderes, als dass die Übung abrufbar und abstellbar ist und euer Pferd sie nicht ungefragt und unkontrolliert zeigt. Gerade bei den offensiven Lektionen ist das sehr wichtig.

Dann gibt es noch eine andere Art zu lernen, nämlich Zuschauen. Pferde lernen auch durch Zuschauen und Nachahmen. In der Regel kommt dabei keine fertige Übung heraus, aber tatsächlich lernen Pferde eine Übung leichter, wenn sie sie vorher schon gut gemacht gesehen haben. Also lasst euer Pferd gerne den anderen beim Üben zuschauen.

Gerade Jungpferde fangen dann oft spontan an, Bewegungen nachzuahmen oder auch Hindernisse auszuprobieren. Manche Sachen wirken auch direkt ansteckend und das könnt ihr für eine Übung ausnutzen. Das sind zum Beispiel Gähnen oder auch Wälzen, beides wird gerne von anderen Pferden nachgemacht.

Ich hatte in einem Kurs einmal einen Vierjährigen, der zwar selber noch nichts gelernt hatte, aber schon als Fohlen immer bei seiner Mutter dabei war, als diese ihr Repertoire an Zirkuslektionen vorführte. Es schien fast, als hätte er nur darauf gewartet, dass ihm endlich jemand zeigt, wie er das Ganze denn genau zu machen hat. Er hat in zwei Tagen Kurs tatsächlich Kompliment, Knien und Liegen sowie Spanischen Gruß und die Ansätze zum Spanischen Schritt gelernt und das ist wirklich eine enorme Leistung.

8

Welche **Nebenwirkungen** kann es geben?

Je mehr euer Pferd kann und je mehr Kommandos und Signale es ausführt, desto bewusster und sorgfältiger müsst ihr auch mit ihm umgehen. Besonders eifrige Vierbeiner werden sicher auch das eine oder andere Mal versuchen, eine Übung ungefragt zu zeigen, um ein Leckerli zu ergattern. Kein Pferd wiederholt eine Aktion, wenn es sich nicht lohnt. Manchmal ist die Belohnung einer Aktion für uns Menschen nicht eindeutig ersichtlich, doch wenn sie oft wiederholt wird, dann lohnt es sich für euer Pferd. Um diese unerwünschten Aktionen abzustellen, ist es also wichtig herauszufinden, was genau daran eurem Pferd eine Befriedigung gibt. Die Belohnung ist oft einfach Aufmerksamkeit.

Darum bekommt ihr sehr viele Sachen durch Ignorieren in den Griff. Ignorieren heißt allerdings nicht unbedingt nur, nicht zu belohnen, sondern kann bei sehr aufmerksamen Pferden auch ein Abwenden oder sogar Weggehen sein. Wichtig ist, dass ihr euch sofort eurem Pferd zuwendet und es lobt, ihm Aufmerksamkeit schenkt, wenn es das gewünschte Verhalten – meist eben Nichtstun – zeigt. Durch Ignorieren und dann gezielte Zuwendung könnt ihr viele ungefragte Aktionen wegbekommen, außer natürlich es besteht Gefahr für Leib und Leben des Zwei- oder Vierbeiners. In dem Fall müsst ihr ein Verhalten unter Umständen aktiv unterbinden oder eine geeignete Umgebung schaffen, in der euch und eurem Pferd nichts passieren kann. Auch kann ich ein Verhalten wie Beißen, Schlagen oder Umrennen nicht ignorieren. Da muss ich geeignete Maßnahmen ergreifen. Beim Training kann es mal passieren, dass euer Pferd anfängt zu schnappen. Besonders junge Hengste oder Wallache neigen in Stresssituationen dazu. Meistens ist das einfach eine Überreaktion, wenn der Kopf voll ist. Dann sind immer mal Pausen zum Überlegen angesagt. Natürlich sollt ihr euch nun nicht anknabbern lassen und Zähnchenignorieren tut weh.

Also müsst ihr es eurem Pferd einfach unangenehm machen. Sobald es also in eure Richtung schnappt, pikt ihr es mit dem Finger seitlich ins weiche Maul. Sobald es den Kopf abwendet, um dem Piks zu entgehen, hört ihr sofort auf – das Ziel ist schließlich erreicht. Bald reicht das Zeigen des Fingers in die Richtung für ein Abwenden des Kopfes. Pferde finden punktuellen Druck nämlich sehr unangenehm, aber er tut nicht weh. Im Kurs werde ich oft gefragt, was denn falsch daran wäre, in dem Fall mit der flachen Hand einen Klaps zu geben. Das tut den Pferden schließlich auch nicht wahnsinnig weh, allerdings macht ihr damit genau das Gleiche wie euer Pferd: Ihr spielt mit ihm Schnappen und es wird sich gerne auf das Spielchen einlassen. Dann müsstet ihr immer fester zuhauen, um es zu beenden, was meistens aber nicht zu einem dauerhaften Erfolg führt. Ihr habt sicher schon öfter Pferde – meistens Wallache gesehen – die zusammenstehen und Mäulchenbeißen spielen. Das ist das, was ihr in dem Fall mit eurem Pferd macht. Es wird gerne darauf eingehen und wenn ihr auf Pferdeart spielt, auch oftmals grob antworten.

9

Wie lange dauert es eine Lektion zu trainieren?

Das ist eine Frage, die ich im Kurs häufig zu hören bekomme. Leider oder zum Glück gibt es darauf keine pauschale Antwort, denn schließlich sind wir alle einzigartige Individuen, ob nun zwei- oder vierbeinig. Es gibt Pferde, die neue Sachen sehr schnell erfassen und auch erlernen. Die Nebenwirkung bei diesen meist schlauen Pferden ist aber, dass sie die Lektionen oft sehr hastig und ungenau ausführen.

Das läuft dann ungefähr so nach dem Motto »Lass mich mal, ich weiß schon irgendwie, was du von mir willst« und irgendwie wird das auch ausgeführt, in der Regel jedoch sehr enthusiastisch und zappelig. Damit die Übung gut sitzt, muss der Zweibeiner viel Geduld aufbringen und immer wieder Ruhe herstellen. Mit diesem Wesenszug geht häufig auch eine gewisse Unbedarftheit einher und Missgeschicke werden einfach abgetan und beeindrucken diese Sorte Pferd nicht nachhaltig.

Dusty, hier mit 2 Jahren, mein Supertalent.

Das andere Extrem sind die eher langsamen Pferde, denen man neue Sachen in vielen klitzekleinen Einheiten schmackhaft machen muss. Dabei brauchen sie viele Pausen, die auch mal einige Tage lang sein können, um diese neuen Sequenzen zu verarbeiten. Je langsamer und gründlicher man bei diesen Pferden die Lektionen zerlegt und ihnen häppchenweise näherbringt, desto besser lernen sie und meistens kommt dann gegen Fertigstellung der Lektion ein plötzlicher Riesensprung vorwärts. Diese Typen führen die Lektionen auch sehr genau aus und sind vielfach mit Eifer bei der Sache, wenn sie sie mal abgespeichert haben, aber das kann schon ein bissel dauern.

Und dann gibt es noch sämtliche Typen zwischen diesen beiden Extremen. Je genauer ihr das Lernverhalten eures Pferdes kennt, desto besser könnt ihr euer Training daran anpassen und euer Pferd optimal fördern und unterstützen.

Um noch einmal auf die Ausgangsfrage zurückzukommen: Mein Dusty hat das doch recht komplexe freie Kompliment in nur drei Einheiten erlernt, während Feivel dafür fast ein Jahr gebraucht hat. Beides ist vollkommen im Rahmen und auch absolut in Ordnung so.

Es ist ganz wichtig, dass ihr eurem Pferd genügend Zeit zur Verarbeitung lasst. So könnt ihr die bei den Übungen erklärten Teilschritte durchaus mit einigen Tagen oder auch längeren Pausen dazwischen üben. Vor dem Start in eine neue Übungseinheit wiederholt ihr dann die bisher geübten Schritte und lobt euer Pferd ganz gewaltig für die Leistung. Das motiviert gleich am Anfang sehr und bringt euch beide in die richtige Stimmung. Meistens wird euch das Pferd dann schon mit mehr überraschen, denn die Vierbeiner lernen und verarbeiten in den Pausen und machen dann gleich mal einen deutlichen Sprung vorwärts, indem ihr ihnen einfach diese Zeit lasst.

10

Wo werden Zirkuslektionen am besten trainiert?

Ideal ist es, wenn ihr einen umzäunten Reitplatz oder einen Round Pen zur Verfügung habt. Dort gibt es normalerweise einen ausreichend weichen und federnden Untergrund. Vor allem für die Übungen, bei denen euer Pferd mit dem Körper Bodenkontakt hat, wie beim Kompliment oder Knien und natürlich auch beim Liegen, braucht es einen Untergrund, auf dem es sich wohlfühlen kann und die Gelenke geschont werden. Bei Übungen wie dem Spanischen Schritt ist ebenso ein weicher Untergrund wichtig, da die Pferde anfangs öfter mal sehr schwungvoll ausholen und aufstampfen.

Eine Umzäunung ist sehr vorteilhaft, da ihr bei verschiedenen Übungen euer Pferd nicht festhalten könnt, sondern beide Hände frei braucht. Mangels ganz fester Einzäunung könnt ihr euch auch mit einem mobilen E-Zaun oder Flatterband behelfen. Das gilt auch, wenn ihr keinen Reitplatz habt und auf einem Stückchen Weide als

Ein umzäunter Platz mit weichem Boden ist ideal.

Je mehr man übt, umso ungewöhnlicher können die Orte fürs Training werden. Mit Lucky Strike ging's in den Pferdehänger.

Untergrund übt. Das teilt ihr euch einfach ab und wenn es möglich ist, mäht ihr am besten das Gras recht kurz, damit die Verlockung sich ablenken zu lassen nicht zu groß ist. Ein Untergrund mit Erde eignet sich an sich auch sehr gut, wenn das Gras die Konzentration auch etwas erschwert. Zirkustricks wie das Apportieren oder Neinsagen könnt ihr auch auf festem Boden wie rutschfestem Beton oder im Paddock üben. Manchen peniblen Pferden ist es sogar lieber, wenn das zu apportierende Teil nicht mit Sand kontaminiert ist und ganz sauber auf festem Boden präsentiert wird. Zudem lässt es sich dort meistens besser aufnehmen.

Idealerweise könnt ihr euch für das Training eine ruhige Atmosphäre schaffen, in der sich euer Pferd nicht ablenken lässt und sich gut konzentrieren kann. Später soll es die Lektionen dann auch zeigen können, wenn um es herum Trubel herrscht oder auch Zuschauer dabei sind, aber für das Erlernen ist es leichter, wenn sich das Pferd ganz auf euch einstellen kann.

11

Welche Ausrüstung braucht ihr dazu?

Für das Training braucht ihr keine besondere Ausrüstung für euch und euer Pferd. Ihr solltet beim Umgang mit dem Pferd feste Schuhe tragen und auch lange Hosen sind empfehlenswert. Es kann immer mal vorkommen, dass ein Pferdehuf aus Versehen auf einem Menschenfuß landet und spätestens dann merkt ihr, dass festes Schuhwerk ganz nützlich ist. Für diesen Zweck empfehle ich besonders bei den ersten Übungen auch die lange Hose, denn ein Pferdehuf, der mal das Ziel verfehlt, tut mit einer Lage Stoff dazwischen einfach wesentlich weniger weh. Für Übungen auf dem Pferd empfiehlt sich natürlich ein guter Helm. Für viele Übungen braucht ihr auch eine Gerte oder eine Touchierpeitsche. Die Gerte sollte circa 120 cm lang sein und flexibel, damit ihr wirklich touchieren könnt und nicht aus Versehen ins zu feste Schlagen kommt. Wenn ihr bei der Auswahl unsicher seid, dann probiert die Gerte einfach an euch selber oder einem Stallkameraden aus. Dabei sollte die Berührung nicht wehtun, sondern

Halfter, Führstrick, Gerte und feste Schuhe.

eher lästig sein. Die Touchierpeitsche oder Bogenpeitsche ist circa 160 cm lang mit einem flexiblen Ende, ähnlich einer kurzen beweglicheren Longierpeitsche mit einem kurzen Schlag. Diese Gertenart ist sehr nützlich, wenn ihr auf einige Entfernung mit eurem Pferd arbeiten wollt oder euer Pferd sich mit mehr Abstand zu euch wohler fühlt.

Euer Pferd trägt für die Übungen ein gut sitzendes Stallhalfter, das relativ eng anliegt. Alternativ könnt ihr bei heftigen Pferden oder solchen, bei denen ihr mehr Einwirkung braucht, auch einen leichten Kappzaum verwenden. Allerdings habe ich festgestellt, dass die meisten Pferde mit dem Halfter sehr gut zu trainieren sind, da sie sich auf die gestellten Aufgaben konzentrieren und gar nicht mehr daran denken sich loszureißen oder zu ziehen. Der Führstrick sollte circa drei bis vier Meter lang sein und mit einem Karabinerhaken versehen. Ein Panikhaken eignet sich zum Führen nicht so gut, da er oft versehentlich aufgeht, gerade wenn ihr euer Pferd kürzer führen wollt und den Haken anfasst. Darum bevorzuge ich einen nicht zu schweren Karabinerhaken. Lediglich für die Übung Drehen braucht ihr einen längeren Strick. Für die Übungen, bei denen ihr mit einem Halsring arbeiten könnt, eignet sich ein Halsseil besser als ein fester Ring. Das Halsseil sollte nicht zu weit sein und ihr könnt es gut aus einem dicken Führstrick selber knoten, wenn sich der Haken entfernen lässt. Der Knoten, der dabei entsteht, lässt das Halsseil auch gut anliegen.

Was hat es mit der Fußlonge auf sich?

Die Fußlonge ist ein sehr umstrittenes Hilfsmittel, das leider als Zwangsmittel missbraucht werden kann und oftmals auch missbraucht wird, um einfach ein schnelleres Ergebnis zu erzielen

Fußlonge mit gepolsterter Schlaufe.

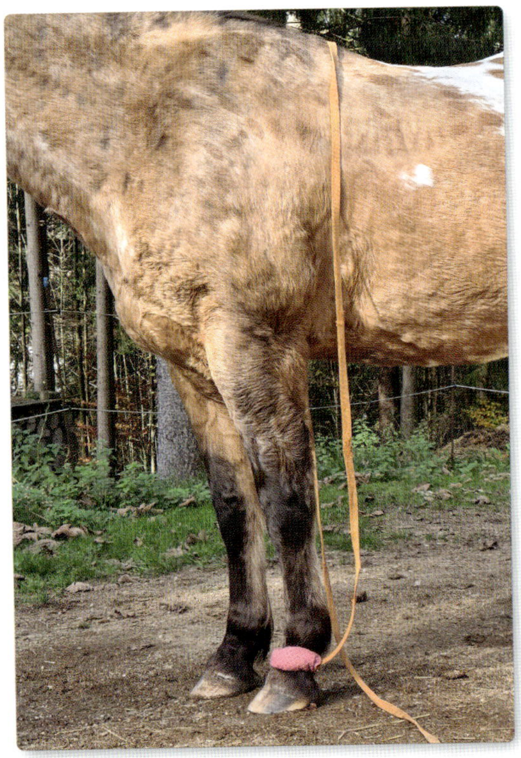

Das Kompliment mit Fußlonge.

und die Pferde zu etwas zu zwingen, zu dem sie noch nicht bereit sind, statt ihnen wirklich Zeit zu lassen, ihren eigenen Weg zu finden. Ich habe früher auch viel mit der Fußlonge gearbeitet und habe am Anfang gesagt, dass die Fußlonge etwas ist, was man zur Sicherheit von Mensch und Pferd verwenden sollte, um zum Beispiel mehr Abstand zum Pferd zu haben oder auch das Pferd besser unterstützen zu können. Ich habe es auf diesem »klassischen Weg« selber erlernt.

Im Zuge der ganzen Kurse, die ich in den letzten Jahren gegeben habe, und aufgrund der Erfahrungen, die ich dabei gesammelt habe, mache ich es inzwischen etwas anders, auch wenn die Fußlonge weiter ein Hilfsmittel bleibt, das ich gelegentlich verwende. Die Fußlonge ist dabei lediglich ein Hilfsmittel, um das Bein hochzuhalten, und nichts anderes. Bei Pferden, die eine gewisse Gewichtsklasse haben wie Kaltblüter oder große Warmblüter, die doch schnell mal über 600 Kilo wiegen, kann die Fußlonge gerade für Frauen ein gutes Hilfsmittel sein. Hier kann man aufgrund des Gewichts das Bein oft nicht einfach mit der Hand halten. Gerade wenn das Pferd die Hilfestellung am meisten braucht – das ist ca. 20 cm über dem Boden der Fall –, lässt man dann los. Dabei entzieht man ihm plötzlich die Unterstützung und lässt das Bein Richtung Boden plumpsen. Viele Pferde trauen sich dann nicht mehr und werden unsicher.

Besonders große Pferde neigen am Anfang zu Unsicherheiten, wenn sie sich in Richtung Boden bewegen sollen. Darum ist in solchen Situationen die Fußlonge ein gutes Hilfsmittel. Bei der Gewöhnung an die Fußlonge ist mir in all den Jahren, die ich nun schon Kurse gebe, noch kein Pferd begegnet, das sich nicht daran gewöhnt hätte. Die Voraussetzung ist natürlich, dass das Pferd in Ruhe und vernünftig an sie herangeführt wird. Die meisten Pferde brauchen dann tatsächlich nicht viel Zeit, sie zu akzeptieren. Es gibt aber auch Gründe dafür, die Pferde mit der Hand zu unterstützen. So kann ich ihnen mit der Hand am Bein noch etwas mehr Stabilität geben und sie deutlicher stützen und in die Tiefe begleiten. Den meisten Pferden ist das auch angenehmer, weil sie mit der Fußlonge doch schon mehr selber machen müssen. »Mehr selber machen« heißt in dem Fall, sich mehr auszubalancieren und einfach mehr Gleichgewicht zu suchen. Das fällt ihnen oft schwer und führt manchmal zu Unsicherheiten, was wiederum den noch unerfahrenen Menschen an der Fußlonge verunsichert. Die Situation kann sich so ohne entsprechende Begleitung schnell aufschaukeln. Gerade im Buch empfehle ich daher den Weg mit der Hand, obwohl ich auch den Gebrauch der Fußlonge, wenn man keine entsprechende Anleitung vor Ort bekommen kann, noch erklären werde. Im Kurs habe ich auch bemerkt, dass die Menschen, die mit ihren Pferden weiterarbeiten wollen, Bedenken haben, mit der Fußlonge allein weiterzuarbeiten. Aus diesem Grund ist es einfacher, es mit der Hand zu machen, wenn es die Größe des Pferdes zulässt.

Ein Vorteil der Gewöhnung an die Fußlonge ist jedoch, dass es für die Pferde normal wird, wenn sie am Bein festgehalten werden, ohne zappelig zu werden oder in Panik zu verfallen. Das kann man jedoch auch unabhängig vom Kompliment mit einer offenen Schlaufe an allen vier Beinen üben und so das Pferd auf solche Situationen vorbereiten. Dieses Training hat durchaus schon Unfälle verhindert, wenn das Pferd einfach stehen bleibt, sobald es merkt, dass es festhängt. Zum Abschluss also noch mal, weil es für mich so wichtig ist: Für mich ist die Fußlonge ein Hilfsmittel, um das Bein oben zu halten und auf gar keinen Fall ein Mittel, um das Pferd zu fesseln, zu Boden zu zwingen, am Boden zu halten oder – noch schlimmer – ins Liegen zu zwingen!

Mein Cisco ist an die Fußlonge gewöhnt und hat kein Problem damit. Bei einem Ausritt ist er einmal in einen unter dem Laub liegenden Spanndraht geraten und hat ihn sich ums Bein gewickelt. Als sich der Draht gespannt hat, ist Cisco einfach stehen geblieben, obwohl ich ihn nichtsahnend aufgefordert habe weiterzugehen und hat geduldig gewartet, bis ich ihn endlich befreien konnte.

12

Welche Vorübungen helfen bei den Lektionen?

Bevor ihr euch an die eigentlichen Zirkuslektionen oder Tricks macht, gibt es einige Vorübungen, die die Ausführung der verschiedenen Lektionen erleichtern. Wie ich schon bei den Voraussetzungen erwähnt habe, ist es doch von entscheidendem Vorteil, wenn die Pferde halfterführig sind. So ganz selbstverständlich ist das nicht, wie ich schon mal im Kurs feststellen konnte. Aber ich gehe jetzt einmal davon aus, dass euer Pferd halfterführig ist. Je besser ihr das Pferd beeinflussen könnt, desto leichter fallen euch beiden die Übungen.

Wie soll das Anhalten aussehen?

Das klingt so einfach, aber ich meine jetzt nicht einfach ein Am-Strick-Ziehen, damit das Pferd irgendwie und irgendwann stehen bleibt, sondern ein ganz leichtes Anhalten auf ein Zeichen von euch. Möglichst sollte sich der Strick dabei nicht straffen. Euer Pferd soll dabei gerade stehen bleiben und sich nicht mit der Hinterhand verdrehen. Dafür sollte es ruhig am losen Strick neben euch hergehen, wobei der Kopf etwas vor eurer Schulter ist. So habt ihr euer Pferd gut im Auge, könnt seine Reaktionen beobachten und rechtzeitig darauf reagieren. Die Schulter eures Pferdes ist dabei hinter eurer Schulter und soll euch auch nicht überholen. Den Strick haltet ihr dabei in der rechten Hand, wenn ihr von links führt, und das Ende des nicht zu kurzen Stricks in der linken Hand.

Dabei solltet ihr ein Stück Strick übrig haben, mit dem ihr wedeln könnt. Damit könnt ihr euer Pferd antreiben oder auch nachdrücklicher anhalten, ohne am Strick zu ziehen. Wenn ihr vorhabt anzuhalten, wäre es ziemlich unhöflich, einfach ohne Vorwarnung stehen zu bleiben, denn damit würdet ihr euer Pferd überraschen. Es würde sozusagen in den sich straffenden Strick hineinlaufen. Um dem Pferd zu vermitteln, dass ihr anhalten wollt, nehmt ihr den Oberkörper leicht zurück, richtet euch mehr auf und verzögert auch den Schritt schon etwas. Gleichzeitig hebt ihr die rechte Hand mit dem Führstrick etwas an und gebt dem Pferd ein verbales Kommando wie »Halt« oder »Whoa« oder Ähnliches. Die meisten Pferde werden zumindest langsamer und dann reicht ein kleines Wedeln mit dem Strickende in Richtung Nase aus, um sie ganz abzustoppen. Sobald das Pferd am lockeren Strick steht, wird es natürlich gelobt. Auch eine Belohnung darf sein, aber nur bei Pferden, die dann nicht zappelig oder zu gierig werden.

Nach einigen Versuchen werdet ihr merken, dass euer Pferd bereits auf das Aufrichten und Zurücknehmen der Schultern mit Langsamerwerden reagiert und schließlich ganz leicht zeitgleich mit euch anhalten kann. Doch was ist, wenn euer Pferd noch nicht auf die Körpersprache reagiert? In dem Fall steht euch euer Strickende zur Verfügung, das ihr vor eurem Pferd schwenkt. Bei den eher ignoranten Vierbeinern kann der Strick auch einmal Kontakt zur Brust bekommen oder als kleiner Propeller vor der Nase wirken. Folgt nun ein leicht verdutztes Anhalten oder Langsamerwerden, dann lobt ihr gleich. Das könnt ihr auch wiederholen, wenn euer Pferd nicht sofort stehen sollte. Es sollte nicht allzu lange dauern, bis euer Pferd diese zusätzliche Aufforderung nicht mehr braucht und leicht am losen Strick anhält.

Es hat durchaus einen guten Grund, warum ihr nicht am Strick ziehen solltet. Gerade wenn ihr an den verschiedenen Hindernissen arbeitet, ist es wichtig, dass euer Pferd wirklich gerade neben euch geht und ebenso gerade anhält. Wenn ihr nun am Strick zieht, um euer Pferd zu lenken oder anzuhalten, zieht ihr seinen Kopf zu euch hin und macht die äußere Schulter frei. Euer Pferd wird entsprechend reagieren und über die Schulter oder mit der Hinterhand nach außen ausweichen. Auch wenn das beim Führen in der Reitbahn keine großen Auswirkungen haben kann, sollte genau das auf der Brücke, Treppe oder Wippe nicht passieren, denn sonst fällt euer Pferd einfach mal seitlich vom Hindernis. Auch draußen im Gelände ist es nicht ratsam, wenn euer Pferd mit der Schulter oder Hinterhand nach außen ausweicht und dadurch auf der Straße oder quer über den Weg steht. Darum ist das Anhalten ohne Ziehen und mit geradem Kopf und Hals so wichtig und wertvoll.

Das Parken

Das ist eine sehr nützliche Übung, die nur etwas Geduld erfordert. Für die Zirkuslektionen braucht ihr ein Pferd, das ruhig stehen bleiben kann, auch wenn ihr euch um es herum bewegt oder euch einmal entfernt. Zum Üben stellt ihr euer Pferd ruhig auf einen Fleck und achtet bereits beim Aufstellen darauf, dass es gleichmäßig auf allen vier Hufen steht. Das erleichtert das Stehenbleiben,

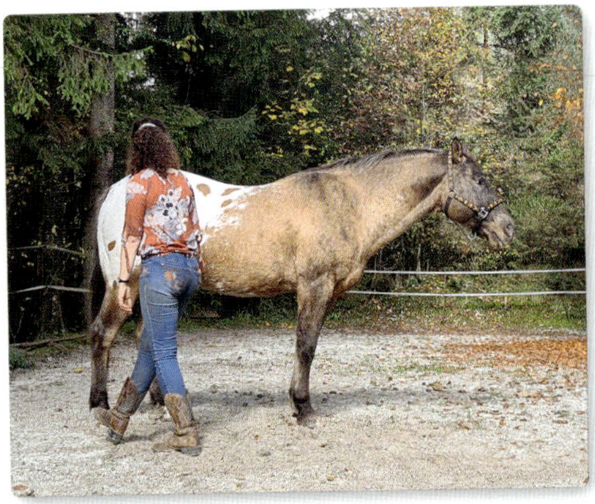

Nach dem Kommando wird das Pferd umrundet.

Das Handzeichen ist sowohl nützlich für das Parken, es dient auch als Stoppsignal aus der Bewegung.

denn ein Pferd, das bereits beim Aufstellen in Schrittstellung steht, neigt viel leichter dazu, auch wirklich wegzugehen. Jetzt gebt ihr eurem Pferd das Kommando zum Parken wie »Halt«, »Bleib« oder auch »Bleib stehen« und entfernt euch seitlich nach hinten von ihm weg. So ist die erste Versuchung hinterherzugehen für euer Pferd nicht so groß, als wenn ihr nach vorne weggehen würdet. Dabei beobachtet ihr es gut. Sobald die Ohren nach vorne gehen und nicht mehr auf euch achten, plant euer Pferd bereits wegzugehen. Jetzt muss noch ein Kommando oder eine Erinnerung wie Antippen oder auch ein Ton kommen, um euer Pferd an den ursprünglichen Plan zu erinnern. Es wird ziemlich beeindruckt sein, wenn ihr so früh schon erkennt, was es vorhat.

Dehnt die Übung am Anfang nicht allzu lange aus, um möglichst nicht korrigieren zu müssen und beendet sie, indem ihr zum Kopf des Pferdes geht und es lobt und belohnt. Anschließend geht ihr zusammen mit dem Pferd weg, um die Übung eindeutig zu beenden und es aus der Situation herauszunehmen. Mit der Zeit könnt ihr euer Pferd auch ganz umrunden, einmal nach vorne weggehen und die Entfernung zu ihm ausdehnen, aber geht dabei nicht zu schnell vor und behaltet euer Pferd gut im Auge, um die ersten Anzeichen zu erkennen. In der Regel fragen eure Pferde auch vorher an, bevor sie weggehen. Ein Zuwenden des Kopfes, ein leichtes Nach-vorne-Lehnen, gehen dem Weggehen voraus. Passiert es doch einmal, dass ihr die Anzeichen übersehen habt und euer Pferd weggeht, stellt es einfach wieder zurück und lasst es mit dem Kommando wieder kurz stehen. Dehnt das Verharren jetzt aber nicht zu lange aus, damit ihr zum Loben kommt und die Übung auflösen könnt.

Als weiteres Zeichen für das Parken könnt ihr das Führseil auf den Boden legen. Für viele Pferde ist das auch eine Art Anbinden am Boden. Allerdings solltet ihr das nur machen, wenn das Parken schon wirklich gut sitzt und ihr euer Pferd aufhalten könnt, sollte es doch weggehen wollen. Ansonsten ist der am Boden schleifende Strick beim weggehenden Pferd nicht ideal. Es ist gefährlich, wenn es drauftritt und durch den Ruck am Halfter kann es sich auch wehtun. Auch wenn euer Pferd einfach nur neben euch stehen soll, ist es gut, wenn ihr auf euren Abstand achtet. Ebenso soll euer Pferd dabei den Abstand einhalten, außer ihr ladet es ein, dichter zu euch zu kommen.

Es kommt auch immer ein wenig auf den Pferdetyp an, den ihr da neben euch habt. Manche Pferde brauchen einen recht hohen Individualabstand und arbeiten auch bei den Lektionen am besten mit mehr Distanz, während andere

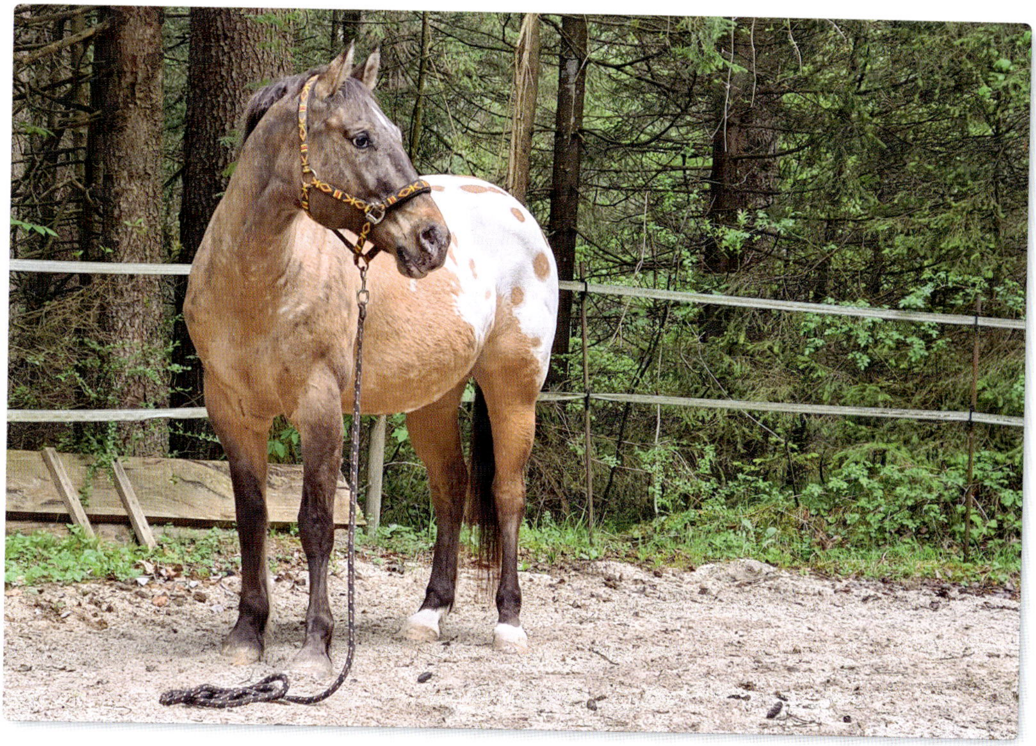

Es ist sehr praktisch, wenn ihr euer Pferd überall parken könnt. Der Strick am Boden ist ein zusätzliches Signal, aber kommt erst dazu, sobald die Übung sitzt.

am liebsten immer ganz nah dran sind und von sich aus die Nähe suchen. Gerade bei Letzteren ist es wichtig, dass ihr es in einigem Abstand zu euch aufstellt und darauf achtet, dass es diesen auch einhält. Diese sehr anhänglichen Typen fangen nämlich sonst gleich mal an zu knabbeln oder schubsen, wenn sie die Übung langweilig finden. Die meisten Menschen folgen dann auch ganz nett der Aufforderung und krabbeln an dem Vierbeiner herum und schon ist es vorbei mit dem ruhigen Stehen.

Das Heranrufen

Bevor ihr das Heranrufen übt, muss das Parken schon gut sitzen, sonst wird euer Pferd nicht mehr sicher stehen bleiben. Ganz schlaue Vierbeiner suchen sich einfach die Übung heraus, die ihnen gerade am besten in den Kram passt, wenn sie keine eindeutige Anweisung bekommen. Ihr könnt das Heranrufen am Anfang mit einem Seil einleiten. Dazu befestigt ihr ein leichtes Seil am Halfter und stellt euch einige Meter vor euer Pferd. Ihr gebt das Kommando in Verbindung mit dem Pferdenamen, um es gleich aufmerksam zu machen, also zum Beispiel »Cisco, komm her«. Dann wartet ihr kurz, ob eine Reaktion erfolgt, bevor ihr einen leichten Vorwärtsimpuls am Seil gebt.

Sobald nun eine Reaktion erfolgt, wie eine Gewichtsverlagerung nach vorne oder sogar ein Schritt, lobt ihr gleich und bewegt euch ein wenig rückwärts, ohne das Seil zu straffen. Das wirkt wie eine Einladung auf euer Pferd. Sollte euer Pferd nun nicht auf euch zukommen, macht das gar nichts. Wiederholt einfach das Kommando und das leichte Einholen des Seils und lobt es sofort, sobald eine Reaktion nach vorne kommt.

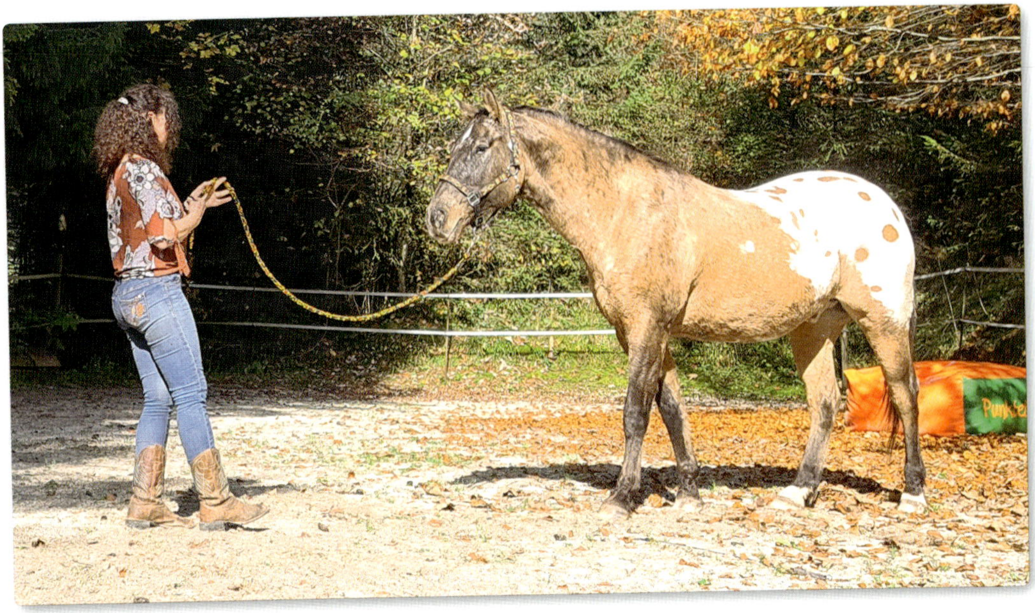

Einige Schritte rückwärts weggehen und das Pferd damit einladen, hilft beim Verständnis.

Bei manchen Pferden muss man das mehrmals wiederholen, bis sie sich wegtrauen. Schließlich durfte man ja eigentlich vorher nicht weggehen. Wichtig ist, dass ihr euer Pferd nicht zu euch herzieht, sondern ihm immer nur einen »Anschubser« mit dem Seil gebt und es dann locker lasst. Sobald euer Pferd richtig ins Gehen kommt und auf euch zugeht, bleibt ihr stehen und nehmt es in Empfang – am besten mit einem Leckerli, das ihr schon in der Hand haltet.

Das Zupfen am Strick sollte mit der Zeit immer weniger werden und wenn ihr merkt, dass ihr ihn schon gar nicht mehr braucht, dann einfach mal weg damit und ohne ausprobieren. Sollte es doch noch nicht klappen, dann einfach nochmal dranmachen zur Erinnerung oder den Abstand zum Pferd verringern. Meistens klappt es dann beim zweiten Versuch. Das Rückwärtsgehen oder -laufen könnt ihr dann wieder nutzen, um mehr Tempo reinzubringen, aber immer schön schauen, ob auch nichts im Weg liegt. Und vergesst nicht, euer Pferd richtig anzufeuern und euch interessant zu machen. Das wirkt gerade bei den zögerlichen Vierbeinern ganz enorm temposteigernd.

Wenn euer Pferd dann auf euch zukommt, hilft es, wenn ihr ein Handzeichen zum Stoppen benutzt. Die erhobene Hand mit der Handfläche zum Pferd wird gut wahrgenommen. Falls der Vierbeiner doch einmal zu übereifrig wird und euch zu nahekommt, könnt ihr ihn mit der Hand auf der Nase noch gut ausbremsen. Natürlich kann es auch vorkommen, dass euer Pferd jetzt versucht, beim Parken zu schummeln und die Parkposition ungefragt zu verlassen, denn schließlich gibt es nun auch Leckerlis für das Herankommen. Stellt in dem Fall euren Vierbeiner ohne zu schimpfen wieder auf die Parkposition und passt genau auf, dass ihr das Weggehen bereits im Ansatz erkennen und verhindern könnt. Dann holt ihr euer Pferd ein paarmal an seiner Position ab und belohnt es dort. Einige Male daran erinnert, wird es wieder beide Übungen gut ausführen.

Das Rückwärtsgehen

Rückwärtsgehen ist für Pferde nicht unbedingt die natürlichste Fortbewegungsart und wenn sie es tun, dann von sich aus nicht auf einer geraden

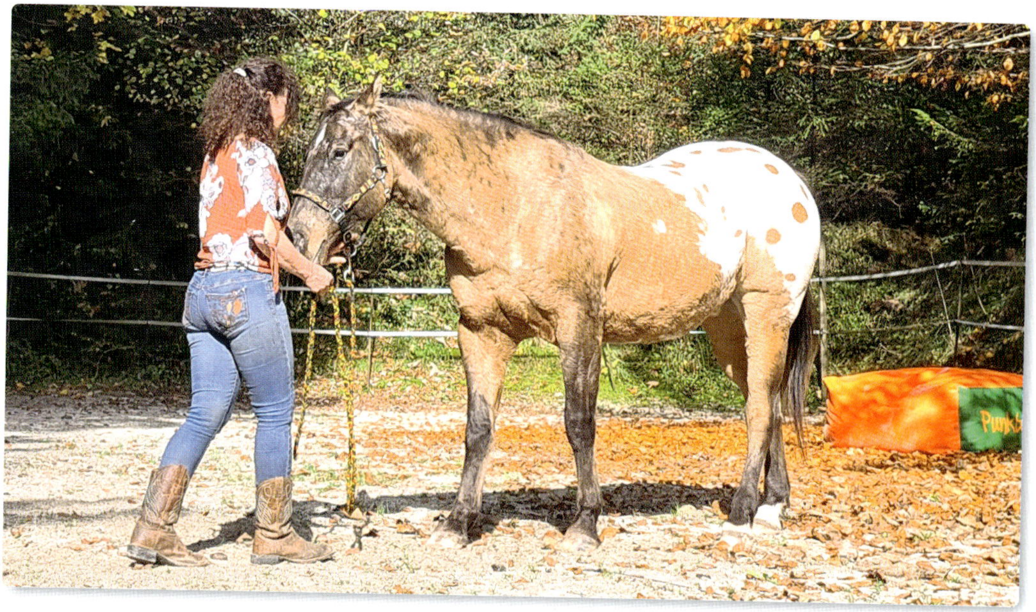

Rückwärts aus der Position vor dem Pferd.

Linie. Schließlich wollen sie sehen, wohin sie gehen, und das geht am leichtesten, wenn sie schief gehen. Direkt gerade hinter ihnen ist genau der Bereich, den sie bei geradem Hals/Kopf nicht erkennen können. So erfordert es schon einiges an Vertrauen und auch Gehorsam, dass das Pferd in diesen Bereich tritt. Für einzelne Übungen braucht ihr aber ein gerade rückwärtsgehendes Pferd. Ihr könnt euch die Übung für den Anfang erleichtern, indem ihr sie an der Bande oder am Zaun ausführt und mit einer Stange eine Gasse baut.

Es gibt viele verschieden Methoden, um ein Pferd zum Rückwärtsgehen zu veranlassen. Für das Training der Übungen, die ich noch beschreibe, genügen aber erst mal zwei davon. Bei der ersten Methode steht ihr seitlich am Kopf des Pferdes, das mit Halfter und Führstrick ausgestattet ist. Kein Panikhaken, denn der geht gerne im falschen Moment auf. Wenn ihr den Strick kurz nehmt, dann habt ihr bestimmt gleich den Panikhaken in der Hand und auf ist er. Ihr schaut dabei in die Richtung, in die ihr gehen wollt, und baut leichten Druck am kurzen Führstrick auf. Wenn Gegendruck kommt, haltet einfach den Druck, bis ihr spürt, dass euer Pferd bereit ist nachzugeben. Erst dann könnt ihr ihm das Signal zum Rückwärts geben. Sobald eine Reaktion kommt, und das kann auch nur ein Nachgeben oder eine Gewichtsverlagerung nach hinten sein, lasst ihr den Druck nach.

Nach dem Loben baut ihr den Druck wieder auf und wartet auf eine Reaktion. Das kann am Anfang echt mühsam sein, aber wenn ihr wirklich dranbleibt und immer den ersten Ansatz in die richtige Richtung belohnt, wird euer Pferd ganz bald auf leichte Hilfen rückwärtsgehen. Genau gleich könnt ihr auch ohne Halfter verfahren, indem ihr es mit der Hand am Nasenrücken oder auf der Brust versucht. Auch hier gilt wieder: Versucht zu erspüren, wann euer Pferd entspannt und dazu bereit ist, dem leichten Druck zu weichen, bevor ihr eine Bewegung fordert. Der Vorteil davon ist, dass ihr mit der Hand direkt am Pferd ganz deutlich fühlen könnt, wenn sich die Muskulatur entspannt und euer Pferd bereit ist zuzuhören und sich bewegen zu lassen. Das könnt ihr dann auch so

Rückwärts am Halsseil.

weit verfeinern, dass euer Pferd lediglich auf ein Handzeichen von euch rückwärtsgeht.

Für die zweite Methode braucht ihr ein Halsseil. Ihr steht neben dem Pferd hinter der Schulter, diesmal aber mit Blick nach vorne Richtung Pferdekopf. Auch mit dem Halsseil gilt wieder, dass ihr jeden Ansatz in die gewünschte Richtung sofort zur Kenntnis nehmt, indem ihr den Druck wegnehmt und lobt. Manche Pferde verstehen diesen punktuellen Druck am Hals anfangs nicht und neigen eher dazu gegenzuziehen, sobald ihr versucht, es zum Rückwärtsgehen zu veranlassen. Bei diesen Pferden empfiehlt es sich, die Übung zuerst mit der Hand an der Brust sowohl mit Blickrichtung nach vorne und auch nach hinten zu erarbeiten. So habt ihr noch eine Möglichkeit, eurem Pferd den Zug am Halsseil begreiflich zu machen, indem ihr ihm mit der Hand an der Brust helft. Bei beiden Methoden ist es wichtig, darauf zu achten, dass euer Pferd auf einer geraden Linie bleibt. Sollte es doch mit der Hinterhand ausweichen, könnt ihr es durch ein Verschieben an der Schulter korrigieren. Das funktioniert ein bisschen wie bei einem LKW, der ausschwenkt, also Schulter nach rechts bringt die Hinterhand nach links und genauso auf der anderen Seite.

Das Bewegen der Beine

Für verschiedene Übungen ist es sehr nützlich, wenn euer Pferd auf Kommando die einzelnen Hufe bewegen und auf dem gewünschten Punkt absetzen kann. An den Vorderbeinen touchiert ihr das Pferd mit einer Gerte hinten am Fesselgelenk, um es zu veranlassen, das Bein zu heben und ein Stückchen weiter vorne wieder abzusetzen. Da der Impuls von hinten kommt, stellen die meisten Pferde das Bein automatisch ein Stück vor. Jetzt lobt ihr euer Pferd natürlich sofort dafür, damit es auch begreift, was ihr genau von ihm wollt. Sollte das jetzt nicht der Fall sein, könnt ihr den Huf nach vorne schieben, indem ihr euren Fuß sanft an der Fesselbeuge anlegt und so eurem Pferd noch ein wenig mehr Hilfestellung anbietet. Jedes weiter Nach-vorne-Stellen lobt und belohnt ihr sofort – bei nicht allzu verfressenen Pferden –, auch wenn es nur ein kleines Stückchen ist.

Für das zweite Bein schiebt ihr den Kopf des Pferdes etwas zur Seite, um Gewicht auf den vorgestellten Huf zu bringen. So erleichtert ihr es eurem Pferd, das andere Bein gezielt vorzusetzen und das bereits vorne stehende Bein auch dort stehen zu lassen. Als Kommando könnt ihr zum Beispiel »Bein vor« sagen und zusammen mit einem Hinzeigen bleibt das dann als Hilfe übrig.

Anfangs reicht auch eine Hufbreite nach vorne.

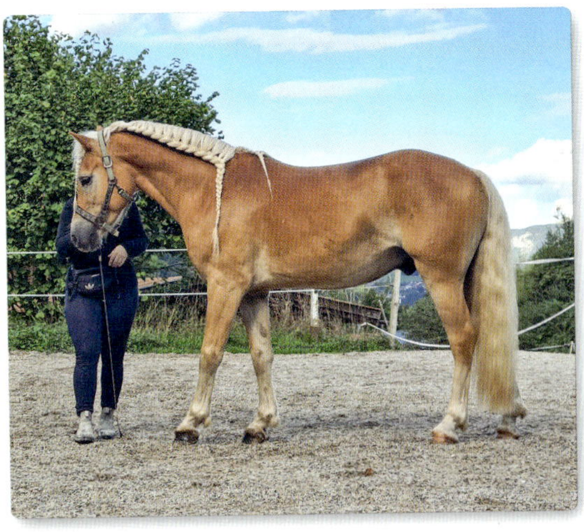

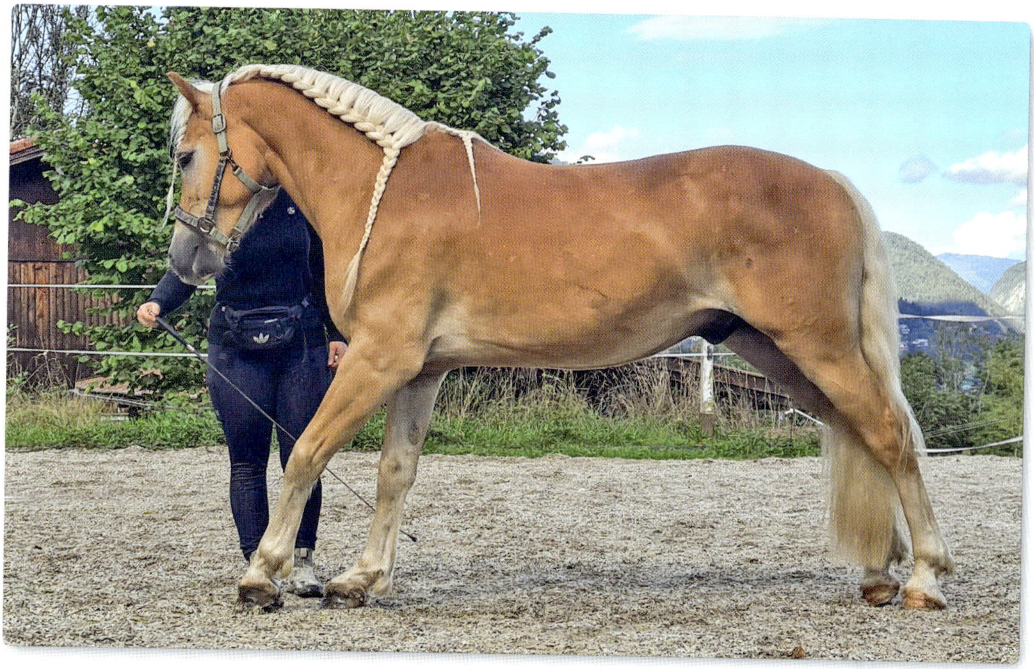

Mit der Zeit kommen immer mehr kleine Schrittchen dazu.

Für die meisten Übungen reicht es, wenn ihr die Vorderbeine vorstellen könnt.

Bei den Hinterbeinen könnt ihr genauso verfahren, aber überfallt euer Pferd nicht mit den Hilfen. Gerade hinten sind viele Pferde empfindlicher und es kann schon mal zu einer ungewollten Abwehrbewegung kommen. Hat euer Pferd ein Hinterbein nach vorne gesetzt, dann wechselt ihr die Seiten und schiebt es an der Kruppe oder am Schweifansatz auf das vorgesetzte Hinterbein. So verlagert es das Gewicht und es fällt ihm leichter, das andere Hinterbein auch noch ein Stückchen nach vorne zu setzen.

Damit euer Pferd begreifen kann, was ihr von ihm wollt, ist es wichtig, dass ihr am Anfang nicht zu viel verlangt und die kleinen Fortschritte ganz engmaschig belohnt. Erst wenn das Vorsetzen schon gut funktioniert und ihr sicher seid, dass euer Pferd es verstanden hat, könnt ihr auch das Zurücksetzen üben. Für die meisten Übungen reicht aber das Vorsetzen aus. Dann fällt es eurem Vierbeiner auch leichter, die Hilfen auseinanderzuhalten. Hierbei verfahrt ihr genauso wie beim Vorsetzen, nur dass ihr die Beine an der Vorderseite touchiert. Während ihr das Vorsetzen schon ziemlich weit ausdehnen und euer Pferd damit »zusammenschieben« und »auseinanderdehnen« könnt, solltet ihr beim Zurücksetzen gerade der Vorderbeine nur eine kleine Strecke fordern, weil euer Pferd sonst rückständig steht.

Das Vorhandverschieben

Das ist eine Übung oder auch eine Lektion aus dem täglichen Umgang, die nicht nur die Vorhand des Pferdes in eine andere Richtung bringt, sondern auch noch einen großen Einfluss auf die Beziehung zu eurem Pferd hat. Das Verschieben der Schulter werdet ihr in der Pferdeherde öfter mal beobachten, denn zuerst kommen die Pferde mit der Schulter in die Richtung des Pferdes, das sie bewegen wollen. Der Kopf ist dabei meist abgewandt. Sie versuchen es übrigens auch ganz

Das Vorhandverschieben bzw. die Hinterhandwendung mit der Hilfe am Oberarm.

gerne bei uns und sind dabei so sachte, dass wir als Menschen das oft gar nicht merken, dass wir verschoben werden.

Wenn ihr nun die Schulter eures Pferdes verschieben wollt, dann stellt es mit geringem Abstand an die Bande oder den Zaun und platziert euch dazwischen. Den Kopf eures Pferdes nehmt ihr am Strick leicht in eure Richtung und macht somit die andere Schulter frei. Jetzt legt ihr die Hand auf die Schulter und übt leichten Druck aus. Fühlt ihr nun Gegendruck, dann braucht ihr gar nicht anfangen zu schieben, sondern haltet einfach den Druck. Erst wenn sich der Muskel unter eurer Hand entspannt, gebt ihr einen leichten Impuls, um euer Pferd mit einem Seitwärtstritt in die Bahn treten zu lassen. Die Hand am Strick verhindert dabei ein Vorwärtstreten. Anfangs reicht ein Schritt aus und ihr lobt euer Pferd. Wenn das gut klappt, und das muss nicht gleich beim ersten Versuch der Fall sein, baut ihr den nächsten Schritt genauso auf. Je weiter euer Pferd mit der Vorhand in die Bahn kommt, desto mehr habt ihr hinter dem Pferd die Bande/den Zaun, um die Hinterhand etwas einzurahmen. Ihr könnt diese Übung bis zu einer kompletten Hinterhandwendung ausbauen, wobei ihr aber darauf achten müsst, dass euer Pferd sich wirklich um die Hinterhand dreht und nicht einfach mal eine leichtere Flaschendrehung um die Mittelhand macht. Für die meisten Lektionen reicht aber einfach ein Verschieben der Schulter um einige Schritte.

Das Hinterhandverschieben

Die Hinterhand zu verschieben ist meistens leichter, als die Vorhand zu bewegen. Schließlich liegen circa 60 Prozent des Gewichts vorne und so sind die meisten Pferde viel agiler mit den Hinterbeinen. Zum Verschieben stellt ihr euer Pferd auch wieder an die Bande oder den Zaun und platziert euch etwa auf Schulterhöhe zwischen Pferd und Bande. Dabei achtet ihr natürlich auf ausreichenden Platz für euch und auch den Kopf eures Pferdes. Damit die Hinterhand ausschwenken kann, nehmt ihr den Kopf nun in eure Richtung, also nach außen. Dadurch erleichtert ihr eurem Pferd die Ausgleichbewegung mit der Hinterhand in die Bahnmitte. Um euer Pferd zum Seitwärtstreten zu bewegen, könnt ihr die flache Hand entweder in der Mitte vom Bauch oder auch direkt an der Hinterhand platzieren und sachte Druck ausüben. Das Pferd soll dabei seitlich wegtreten und nicht von euch weggeschoben werden.

Bei den ersten Versuchen ist es hilfreich, wenn ihr mit der Hand am Pferd seid, da ihr so gleich gut erfühlen könnt, wenn es behutsam zur Seite weicht und nachgibt. Auch diese Übung könnt ihr gut verfeinern, bis nur noch ein Hinzeigen und leichtes In-die-Richtung-Lehnen von euch ausreicht. Alternativ könnt ihr das Seitwärtstreten der Hinterhand auch mit der Gerte erreichen, indem ihr leicht an der Hinterhand touchiert. Dabei nehmt ihr aber den Kopf auch wieder seitlich

Mit der Nase etwas in eure Richtung geht es leichter.

herum auf euch zu. Beim ersten, oft zaghaften Schritt seitwärts stoppt ihr das Touchieren und lobt, bevor ihr neu beginnt.

Die Hinterhand heranholen

Da die Hinterhand ein wenig Platz zum Ausschwenken braucht, stellt ihr euer Pferd bei dieser Übung ein kleines Stück neben der Bande

Mit der Peitsche touchiert ihr über dem Rücken etwa auf Höhe des Hüftknochens. Den Kopf stellt ihr dabei etwas von euch weg.

auf und steht auf der inneren Seite. Zum besseren Verständnis nehme ich mal die linke Seite. Mit der linken Hand könnt ihr nun den Kopf eures Pferdes etwas nach außen zur Bande hin stellen, wobei ihr auf Schulterhöhe neben dem Pferd steht und nach hinten schaut. Durch die Außenstellung des Halses fördert ihr das Ausschwenken der Hinterhand. Das macht es eurem Pferd gerade am Anfang leichter zu erkennen, was ihr von ihm wollt. Mit der rechten Hand nehmt ihr die Bogenpeitsche über den Rücken eures Pferdes und touchiert es leicht hinter dem Hüftknochen. Gerade mit der Bogenpeitsche und dem kleinen beweglichen Teil daran, könnt ihr das Touchieren leicht halten und euer Pferd etwas nerven, bis es einen Schritt auf euch zu macht. Jetzt wird sofort aufgehört und ganz gewaltig gelobt. Schließlich soll das Pferd merken, dass das die richtige Reaktion war.

Anfangs macht ihr nach jedem Schritt eine kleine Pause zum Loben und eventuell auch Belohnen, wenn ihr kein kleines Fressmonster habt. Schon bald wird euer Pferd auch flüssig mit der Hinterhand auf euch zukommen, aber schaut bei aller Freude darüber immer darauf, dass es im Eifer nicht zu schnell wird und stets auf euch achtet.

Die Vorhand heranholen

Eine andere Version, die Vorhand zu bewegen, ist es, wenn ihr euer Pferd auf euch zu treten lasst. Dafür braucht ihr eine Bogenpeitsche, damit ihr es auch über den Rücken hinweg erreichen könnt.

Bei dieser Übung soll das Pferd dem Touchieren weichen und somit auf euch zukommen. Die Touchierpeitsche hat nicht nur den Zweck, das Pferd auf der anderen Seite berühren zu können, sondern ermöglicht euch auch, mehr Abstand zum Pferd zu halten. Die meisten gut erzogenen Pferde haben nämlich ein wenig Vorbehalte, so einfach auf den Menschen zuzutreten und damit

Mit der Touchierpeitsche wird über den Rücken hinweg die Schulter touchiert.

in seinen Bereich einzudringen. Das solltet ihr bei den ersten Versuchen bedenken und besonders viel loben, wenn eine Bewegung auf euch zu gezeigt wird. Zu Beginn der Übung stellt ihr euer Pferd ein Stück neben der Bande auf und richtet seinen Kopf leicht nach außen von euch weg. So fällt es eurem Pferd leichter, über die Schulter auf euch zuzugehen. Idealerweise habt ihr mit eurem Pferd bereits am Heranholen der Hinterhand gearbeitet und es kennt die einholende Touchierhilfe. Der Touchierpunkt über dem Rücken liegt dann auf Widerristhöhe und ihr touchiert ganz leicht, bis ein kleiner Seitwärtsschritt auf euch zu erfolgt. Gleichzeitig macht ihr durch einen Rückwärtsschritt den Weg frei und ladet euer Pferd zu euch ein. Gerade anfangs reicht ein Schritt vollkommen aus. Sobald dieser gut sitzt, fordert ihr Schritt zwei oder drei.

Beim Einparken tritt das Pferd seitlich auf euch zu.

Das Einparken

Das Einparken ist jetzt eigentlich keine Zirkuslektion, aber eine Kombination aus den beiden Vorübungen und einfach so ungemein praktisch. Wenn euer Pferd bereits das Heranholen der Hinterhand und auch schon ein bisschen das Heranholen der Vorhand kennt, ist es nur noch ein kleiner Schritt bis zum Einparken. Dabei kombiniert ihr sozusagen die beiden Übungen und touchiert das Pferd über dem Rücken am Rippenbogen. Je nachdem, ob euer Pferd nun mehr mit der Hinter- oder Vorhand auf euch zukommt, könnt ihr den Touchierpunkt flexibel anpassen und so ein gerades Einparken fordern.

Anfangs wird das noch ein wenig unrund sein, aber bald wird sich euer Pferd darauf einstellen. Ihr könnt das Einparken auch gleich von einer erhöhten Position wie der Aufstiegshilfe oder einem Gatter aus fordern, was euch auch das gezielte Touchieren erleichtert. Je nachdem, wie fein euer Pferd darauf reagiert, könnt ihr das dann so weit ausbauen, bis lediglich die erhobene Gerte und später die erhobene Hand als Signal zum Einparken übrig bleibt. Eine sehr praktische Übung zum Aufsteigen, wenn ihr euer Pferd später an jede Aufstiegshilfe heranholen könnt.

13

Zirkustricks

Mit Zirkustricks sind kleine Übungen und Lektionen gemeint, bei denen sich euer Pferd meistens nicht groß bewegen muss. Eine Ausnahme bildet die Übung Walzer oder Drehen, die auch sehr gut in die Freiarbeit integriert werden kann. Ich habe sie bei den Tricks eingeordnet, weil sie, wie die meisten kleinen Tricks, für den Anfang sehr gut geeignet ist und mit zunehmender Erfahrung ausgebaut werden kann. Für das Gros der Zirkustricks gilt, dass es kaum gesundheitliche Einschränkungen für die Übungen gibt. Auch das körperlich aktivere Drehen könnt ihr langsam und gemächlich ausführen lassen und für Pferde mit Handicap so gut anpassen. Lediglich beim Nein- oder Jasagen solltet ihr mit Pferden, die Probleme in der Halswirbelsäule haben, mit Vorsicht herangehen oder die Lektionen nicht trainieren. Für eine Belohnung vergisst so manches Pferd sonst, dass es bestimmte Sachen besser nicht machen sollte.

Beim Drehen könnt ihr die Drehbewegung anpassen, wenn euer Pferd Probleme mit den Gelenken hat. In dem Fall wählt man statt einer engen Wendung einen schönen großen Kreis und lässt das Pferd erst auf der geraden Linie beschleunigen oder es einfach gemütlich weitergehen. Die Zirkustricks beschäftigen vor allem den Kopf des Pferdes. Es lernt zu lernen sowie verschiedene Sachen miteinander zu kombinieren. So kann man Pferde recht ausdauernd beschäftigen und ihnen eine Abwechslung bieten. Das bietet sich besonders bei Pferden an, die sich in der Rekonvaleszenz befinden oder aus verschiedenen Gründen nicht stark belastet werden können.

Auch wenn ihr einmal weniger Zeit für euer Pferd habt, was oft im Winter vorkommt, wenn es früh dunkel wird oder der Boden ein Training nicht zulässt, könnt ihr Zirkustricks abrufen und euer Pferd beschäftigen und belohnen. Das fördert ohne großen Aufwand die Beziehung, beugt Langeweile vor und ihr beide habt das Gefühl etwas zusammen geschafft zu haben. Nicht zu vergessen: So eine Belohnung und ganz viel Lob heben die Laune erheblich und das bei beiden Partnern. Je öfter ihr eurem Pferd Kopfarbeit anbietet, desto leichter und schneller wird es lernen. Euch fallen bestimmt noch etliche andere Dinge ein, bei denen ihr euer Pferd zum Mitmachen anleiten könnt.

14

Teppichausrollen

Das Teppichausrollen ist eine sich selbst belohnende Übung und sehr gut als einer der ersten Tricks geeignet. Da kann sich euer Pferd gleich mal selber den roten Teppich ausrollen für den großen Auftritt.

Wie soll die Übung aussehen?

Das Pferd geht zum zusammengerollten Teppich, stupst ihn mit der Nase an und rollt ihn Stück für Stück auf, um an das Leckerli zu kommen, das dann auf dem letzten Stückchen des ausgerollten Teppichs zum Vorschein kommt. Dabei geht es auf dem Teppich bis zum Ende.

Welches Zubehör braucht ihr dazu?

Das Wichtigste an der Übung ist natürlich der Teppich und der sollte so beschaffen sein, dass er sich nicht gleich beim ersten Schubs komplett aufrollt. Fleckerlteppiche sind zum Beispiel sehr gut dafür geeignet, allerdings nicht für Pferde mit Stiften in den Eisen, da diese hängen bleiben könnten. In dem Fall nehmt ihr besser einen glatten Teppich. Für den Anfang sollte der Teppich auch nicht zu lang sein, auch wenn ihr später die Strecke beziehungsweise den Teppich verlängern könnt. Für die Spur braucht ihr natürlich etwas Leckeres zu futtern. Dafür eignen sich kleine Karottenstückchen sehr gut.

Schubsen und Karottenstückchen herausholen ist das Ziel der Übung.

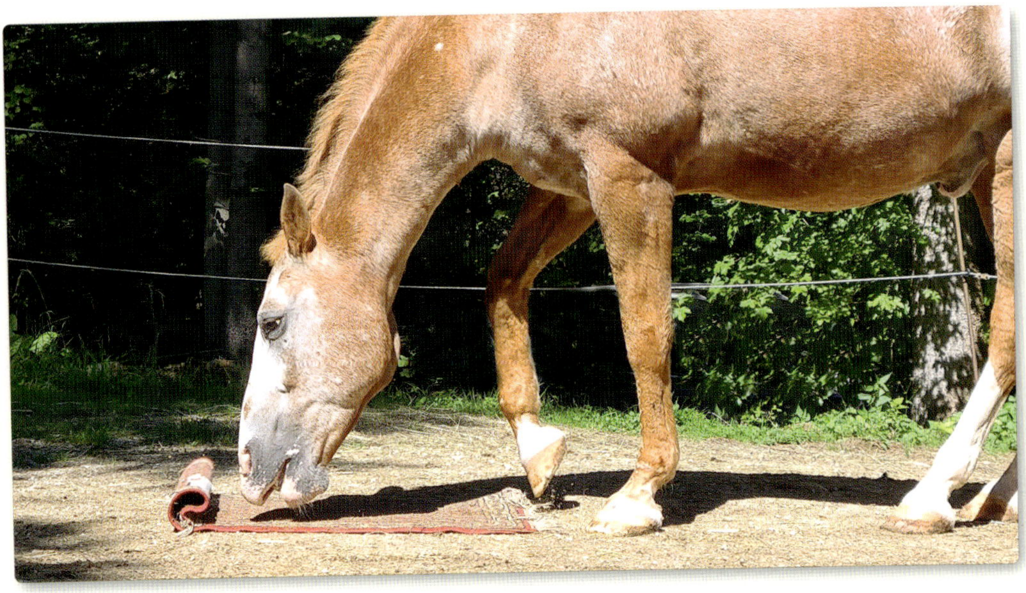

Leckerlis würden zwar auch funktionieren, aber da ihr die Übung öfter wiederholt, wären das schon sehr viele.

Welche Herausforderung gibt es für das Pferd?

Leckerlis vom Teppich fressen, das klingt so einfach, aber ganz so ist es nicht. Das Pferd muss sich durchaus konzentrieren dabei und das nächste Leckerli möglichst selbstständig suchen. Manchen Pferden fällt das sehr schwer und sie verlieren schnell das Interesse. Einen Vorteil haben Pferde, die öfter mal Futter vom Boden aufnehmen oder hingeworfen bekommen. Sie sind es schon gewohnt zu suchen und fangen dadurch auch schneller an und arbeiten selbstständiger.

Welche Anforderungen stellt die Übung an den Menschen?

Die Übung stellt keine besonderen Anforderungen, aber ihr solltet euer Pferd motivieren können, wenn es nicht von sich aus sucht.

Wie wird die Übung trainiert?

Für den Anfang braucht ihr viele kleine Karottenstückchen, die ihr in engem Abstand auf dem ausgerollten Teppich wie eine Leckerlistraße vom Anfang bis zum Ende auslegt. Lediglich das letzte Stück Teppich wird mit den Karottenstückchen eingerollt. So kann sich euer Pferd erst in aller Ruhe den Teppich entlangfuttern und ist schon etwas gierig, wenn es am Ende ankommt. Meistens wird es von allein dem Restteppich einen Schubs geben. Vergesst dabei nicht euer Pferd zu loben, wenn es anfängt zu schubsen. Jetzt wird der Teppich langsam immer weiter eingerollt, sodass euer Pferd immer mehr vom Teppich schubsen muss.

Ein Teppich und mehrere Karottenstückchen und fertig ist die Karottenspur.

Anfangs legt ihr die Leckerlis oder Karottenstückchen noch sehr eng, damit euer Pferd auch immer gleich eine Belohnung erwischen kann. Mit der Zeit vergrößert ihr die Abstände zwischen den Stückchen, bis schließlich nur noch das Belohnungsstückchen am Ende des Teppichs übrig bleibt. Jetzt gibt es aber auch die Vierbeiner, die so gar keine Lust haben, ihr Essen zu suchen. Denen müsst ihr ein wenig auf die Sprünge helfen und immer mal etwas mit der Hand oder dem Fuß nachhelfen oder ihnen das Leckerli kurz mal unter die Nase halten und dann ganz deutlich ablegen. Gerade bei diesen Pferden ist es wichtig, dass ihr die Übung nicht zu lange macht, sondern immer relativ kurze Trainingseinheiten einbaut. Da es stets eine Belohnung gibt und sie sich nicht zu arg »anstrengen« müssen, kommt so langsam mehr Motivation auf. Bei diesen Pferden könnt ihr auch noch eine kleine Vorübung einbauen.

Für die Vierbeiner ist diese Übung sehr angenehm, denn sie müssen lediglich vom Boden fressen. Anfangs legt ihr das Leckerli oder auch ein wenig Kraftfutter auf festem Untergrund nur hin und schaut, ob euer Pferd gleich ans Futter geht. Sobald das klappt, fangt ihr an, eurem Pferd das Futter hinzuwerfen und es die Leckerei selber finden zu lassen. Für manche Pferde ist das schon eine schwierige Übung, aber es lohnt sich schließlich und so werden sie bald selbstständig danach suchen – die ideale Voraussetzung, um dann wieder an den Teppich zu gehen.

Passt etwas auf, wenn ihr einen vorsichtig-ängstlichen Vierbeiner habt, der gleichzeitig sehr verfressen ist. Diese Pferde sind oft sehr zaghaft bei der ersten Annäherung und wollen eigentlich so gar nicht auf den Teppich treten, bis dann die Leckerlis entdeckt werden. Oft vergessen sie plötzlich alles bis auf das Futter am Boden und fressen sich eifrig auf dem Teppich entlang. Spätestens beim letzten Leckerli fällt ihnen dann mit Entsetzen auf, dass sie auf dem Teppich stehen und das kann schon mal dazu führen, dass sie hubschrauberähnlich mit allen vieren den Teppich verlassen. Aber auch diese Pferde gewöhnen sich meist sehr schnell daran, auf ungewohntem Untergrund zu laufen. Ihr könnt nun auch noch ein Kommando wie »Teppich ausrollen« oder Ähnliches mit einbauen, wenn euer Pferd die Nase zum Teppich senkt. Sobald es auf das Kommando hört, könnt ihr es auch aus der Entfernung zum Teppich schicken.

Wie könnt ihr die Übung weiter ausbauen?

Die meisten Pferde lieben es, wenn der eingerollte Teppich vor ihnen liegt und sie loslegen dürfen. Wie das Podest erhalten sie die Belohnung unmittelbar bei der Übung oder durch die Übung. Ihr könnt nun einen längeren Teppich beziehungsweise Läufer wählen. Hier ist es aber wichtig, dass ihr auch bei Pferden, die die kurze Version schon sicher ohne dauernde Belohnung aufrollen, nun wieder Zwischenschritte mit einem kleinen Belohnungshappen einbaut. Sonst könnte es sein, dass sie die Lust verliert, wenn nach gefühlten fünf Kilometern immer noch kein Leckerli auftaucht. Nicht jedes Pferd bleibt dann bei der Sache, aber mit Zwischenmotivation klappt es. Mit der Zeit baut ihr das dann einfach wieder ab. Die Teppichübung könnt ihr natürlich noch mit anderen Lektionen kombinieren, wie dem Kompliment auf dem letzten Teppichstück oder Drehen und zurückgehen. Das kann man alles gut für eine kleine Show zusammenbauen.

Eine kleine Hilfestellung für den Anfang.

15

Neinsagen – Jasagen

Diese Lektionen lassen sich prima in kleine Showeinlagen einbauen und bei Pferden mit langer Mähne gibt es auch ganz lustige Fotos. Bei Pferden mit Problemen an der Halswirbelsäule solltet ihr mit dieser Übung etwas vorsichtig sein, da die meisten Kandidaten das Schütteln schon sehr enthusiastisch ausführen.

VIDEO

Hier könnt ihr genau sehen,
wie die Übung erlernt wird.

Carlito beim Neinsagen ganz enthusiastisch.

Wie soll die Übung aussehen?

Euer Pferd soll auf ein Kommando oder Sichtzeichen den Kopf schütteln beziehungsweise mit dem Kopf nicken.

Welches Zubehör braucht ihr dazu?

Neben den obligatorischen Leckerlis braucht ihr für diese Lektion nur ein Stallhalfter und einen etwas piksigen Gegenstand wie zum Beispiel einen Hufkratzer.

Welche Herausforderung gibt es für das Pferd?

Die meisten Pferde begreifen diese Übungen sehr schnell, vor allem das Neinsagen, und führen sie auch mit Begeisterung aus. Die Verknüpfung von Zeichen und Aktion fällt ihnen dabei relativ leicht, da das spätere Sichtzeichen der auslösenden Bewegung sehr ähnlich ist, wobei die Ja-Bewegung ein wenig länger dauert, weil man diese meistens nicht so spontan auslösen kann.

Welche Anforderungen stellt die Übung an den Menschen?

Ihr müsst dabei herausfinden, wie ihr bei eurem Pferd das Kopfschütteln oder Nicken auslösen könnt, denn nicht alle Pferde sind gleich kitzlig. Und wie immer geht es auch hier um das Timing. Ihr müsst sehr zeitnah belohnen und loben, damit euer Pferd die Verknüpfung herstellen kann und nicht nur sauer wird, weil es geärgert wird.

Wie wird die Übung trainiert?

Es gibt verschiedene Methoden, um ein Pferd zum Kopfschütteln zu veranlassen. Am einfachsten ist es, wenn euer Pferd auf ein Piksen mit dem Finger – hier sind lange Fingernägel mal echt praktisch – oder einem Gegenstand wie Hufkratzer am Mähnenkamm reagiert. Dafür zeigt ihr auf den Mähnenkamm und nähert euch dann langsam an, bis ihr euer Pferd etwa in der Mitte pikst und kitzelt. Reagiert es darauf mit einem Kopfschütteln, hört ihr sofort auf und lobt und belohnt es. Pikst nicht zu fest, es soll einfach nur lästig sein und ein bisschen jucken. Nicht jedes Pferd reagiert auf das Piksen am Mähnenkamm in der gewünschten Weise. Im Kurs hatte ich schon Pferde, die das so toll fanden, dass sie sich immer mehr gegen den Hufkratzer gedrückt haben, um noch fester gekratzt zu werden. Sie haben das sichtlich genossen und konnten von der Wellnessbehandlung gar nicht genug bekommen. Habt ihr nun so einen kleinen Genießer oder auch einen, den das Ganze komplett kalt lässt, müsst ihr etwas anderes versuchen.

Kitzeln im Ohr.

Die allermeisten Pferde sind sehr kitzlig im Ohr. Eventuell müsst ihr euer Pferd dafür leicht am Halfter festhalten und es kann auch sein, dass es ein bisschen sauer wird. Also achtet darauf, dass ihr es nicht übertreibt. Das ist aber nur vorübergehend. Ihr nähert euch nun mit ausgestrecktem Finger dem Ohr eures Pferdes und geht vorsichtig mit dem Finger ins Ohr rein. Dabei kitzelt ihr ganz leicht die Seiten. Das findet kaum ein Pferd toll, denn schließlich juckt das und ein energisches Schütteln ist meist die Folge. Jetzt natürlich wieder sofort loben und belohnen. Der ausgestreckte Finger ist gleichzeitig auch das Sichtzeichen für die Übung und bereits nach einigen Versuchen wird euer Pferd auf dieses Zeichen hin den Kopf schütteln, weil es das Kitzeln vermeiden will. Anfangs ist dieses Schütteln auf das reine Sichtzeichen noch nicht so ausdrucksvoll wie beim Kitzeln, aber das macht nichts. Mehr Kopfschütteln kommt dann durch das Lob und die Belohnung. Keine Sorge, dass euer Pferd sich vielleicht nicht mehr am Ohr anfassen lässt. Die meisten Pferde können sehr gut unterscheiden, ob es den Kopf schütteln oder sich anfassen lassen soll.

Im Gegensatz zum Kitzeln oder Sichtzeichen fasst ihr beim Anfassen des Ohrs viel fester und bestimmter zu. Dabei geht ihr nicht einfach ans Ohr, sondern legt die Hand vorher auf den Mähnenkamm und schiebt sie dann zum Ohr. Das Ohr berührt ihr außen oder innen mit Nachdruck. Das ist ein deutlicher Unterschied zum Kitzeln und auch zur Annäherung beim Neinsagen. Aber obwohl das bei fast allen Pferden gut funktioniert, habe ich auch schon etwas seltsame Genießer erlebt, die das Kitzeln im Ohr einfach nur toll fanden. Ein Fjordi im Kurs fand das so super, dass mein Finger komplett im Ohr verschwand und er mit Genießergesicht den Kopf immer noch schräger hielt. Das mit dem Kopfschütteln wurde dann bei ihm erst mal vertagt, wobei Pferde das Kitzeln, also die leichte Berührung, wirklich selten gut finden,

Das Handzeichen zum Neinsagen.

die feste Berührung oder ein Im-Ohr-Kratzen jedoch schon.

Wenn ihr statt oder zu dem Sichtzeichen auch noch ein verbales Kommando verwenden wollt, dann nehmt bitte nicht das Wort »Nein«. Das verwenden wir im täglichen Gebrauch doch recht oft und wenn euer Pferd da jedes Mal den Kopf schütteln würde, ohne ein Belohnung dafür zu bekommen, wäre es doch arg verwirrt. Da es eine Lektion ist, die sehr leicht ausgelöst wird, braucht ihr ein Kommando, das ihr sonst nicht verwendet, wie zum Beispiel das Englische »No« oder »Skake«, natürlich auch »Schütteln«, oder ihr bleibt nur beim Sichtzeichen.

Das Jasagen beruht auf demselben Prinzip wie das Neinsagen. Lediglich der Punkt zum Piksen unterscheidet sich. Für den ersten Versuch könnt ihr einfach mal ausprobieren, euer Pferd vorne an der Brust zu kitzeln oder leicht zu piksen. Reagiert es nun darauf, indem es mit dem Kopf nickt, auch wenn es nur ganz leicht ist, dann lobt und belohnt ihr diesen Ansatz sofort. Die Verstärkung erfolgt nun nicht durch mehr piksen, sondern durch mehr loben, das heißt, ihr legt nicht gleich mit der kompletten Begeisterung los, sondern spart euch noch eine Verstärkung für mehr Bewegung auf. Wie bei der Schüttelmethode gibt es aber auch hier die Genießerpferde, die das Kitzeln und Piksen einfach nur toll finden und eher dazu neigen, verzückt die Augen zu verdrehen, als irgendwas zu machen.

Aus diesem Grund gibt es noch eine andere Methode. Dabei soll euer Pferd ein Leckerli oder eine Karotte mit dem Maul verfolgen. Ihr haltet eurem Pferd ein Leckerli oder bei den eher gierigen Vierbeinern eine Karotte vor die Nase, während ihr seitlich vor ihm steht. Dann zieht ihr das Leckerli nach unten Richtung Brust weg, euer Pferd soll es verfolgen und dabei eine Nickbewegung ausführen. Dafür wird es natürlich wieder belohnt und gelobt. Ihr müsst dabei herausfinden, wie schnell euer Pferd reagiert und euch anpassen. Zieht ihr zu schnell weg, verliert euer Pferd die Spur und gibt auf. Seid ihr zu langsam, schnappt es sich das Leckerli, ohne sich viel zu bewegen. Als Sichtzeichen bleibt dann zuerst ein Zeigen auf die Brust oder eine Handbewegung von oben nach unten übrig.

Beim Jasagen wird mit einem Leckerli gelockt oder das Pferd an der Brust gekitzelt.

16

Das **Lachen**

Das Lachen ist ein lustiger Trick, der nicht allzu schwer zu erlernen ist und sich sehr gut in kleine Shownummern einbauen lässt.

Wie soll die Übung aussehen?

Natürlich lacht euer Pferd nicht wirklich, aber es sieht so aus, wenn es die Oberlippe hochzieht und flehmt. Bei der fertigen Übung soll euer Pferd auf ein Handzeichen und/oder Wortkommando die Oberlippe hochziehen und auch etwas länger so halten.

Welches Zubehör braucht ihr dazu?

Beim Erlernen könnt ihr mit verschiedenen Sachen ausprobieren, worauf euer Pferd am besten reagiert. Leckerlis, ein Lippenpflegestift oder auch Erkältungsbalsam können dabei helfen.

Jacko lacht auf das Handzeichen.

Welche Herausforderung gibt es für das Pferd?

Euer Pferd muss bei dieser Übung eine Bewegung, die es selbstständig beziehungsweise ausgelöst durch einen Reiz ausführt, mit eurem Kommando oder Zeichen verknüpfen. Je öfter es das schon gemacht hat, desto schneller geht es.

VIDEO

In diesem Video geht es um den Beginn der Übung »**Lachen**«.

Welche Anforderungen stellt die Übung an den Menschen?

Ein wenig Geschick, ein Gefühl fürs richtige Timing und auch Geduld sind aufseiten des Zweibeiners gefragt.

Wie wird die Übung trainiert?

Die einfachste Methode ist es, wenn euer Pferd auf den Lippenpflegestift oder das Erkältungsbalsam reagiert. Die Lippenpflege wird dabei auf der Oberlippe aufgetragen. Die meisten Pferde finden den Geruch und das klebrige Gefühl so seltsam, dass es ein spontanes Flehmen auslöst. Jetzt hebt ihr die Hand mit erhobenem Zeigefinger vor eurem Pferd und lobt es sofort. Bis daraus aber nun wirklich eine Bedeutung für euer Pferd entsteht, braucht es schon einige Wiederholungen. Für Pferde, die nicht auf den Stift reagieren, kann man es auch mit dem Erkältungsbalsam versuchen. Das ist schon ein sehr starker Geruch, der bei den meisten Pferden ein

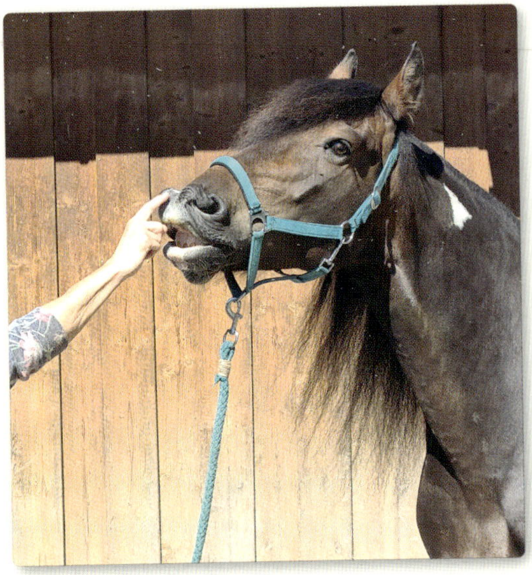

Ein Leckerli lockt und belohnt.

Flehmen auslösen sollte, das man dann wieder abrufbar machen kann. Manche Pferde zeigen das »Lachen« dann sehr schnell selbstständig ohne Aufforderung, wenn sie Aufmerksamkeit wollen. Das könnt ihr durchaus annehmen und das Kommando dazu geben, bis das Pferd die Übung auf Kommando sicher ausführt. Danach gibt es keine Belohnung mehr, wenn euer Pferd sie von sich aus zeigt.

Habt ihr nun aber ein Pferd, das so gar nicht auf seltsame Gerüche reagiert, dann kann es die Übung trotzdem erlernen. Dafür haltet ihr ein Leckerli in der Hand. Mit diesem Leckerli spielt ihr bei erhobenem Pferdekopf etwas an der Oberlippe eures Pferdes herum und »triezt« es etwas, bis es die Lippe lang macht und hochzieht. Jetzt lobt ihr sofort und gebt ihm das Leckerli. Wenn es dann schon ungefähr weiß, was ihr wollt, gebt ihr das Fingerzeichen wieder mit dazu. Das erfordert jetzt ein bisschen Geschick mit dem Leckerli gleichzeitig in der Hand. Nach einigen Wiederholungen könnt ihr das Leckerli wieder weglassen und nur noch das Handzeichen geben. Die Belohnung gibt es dann hinterher.

17

Das **Gähnen**

Das Gähnen auf Kommando abrufen zu können, sorgt zumindest immer für verdutzte Gesichter und meistens auch noch für ebenfalls gähnende Menschen.

Gähnen wird durch das Kraulen am Widerrist abgefragt.

Hier zeigt Feivel das »Gähnen« auf Handzeichen und verbales Kommando.

Wie soll die Übung aussehen?

Das ist kurz beschrieben. Ihr gebt ein Wort- oder/ und Sichtkommando und euer Pferd fängt daraufhin an zu gähnen.

Welches Zubehör braucht ihr dazu?

Das ist ein wenig schwieriger, denn bis auf die Leckerlis braucht ihr nur eine wichtige Zutat: ein gähnendes Pferd.

Welche Herausforderung gibt es für das Pferd?

Euer Pferd muss für diese Übung eine Verknüpfung herstellen zwischen dem spontanen Gähnen und eurem Kommando und Lob. Je öfter es das schon gemacht hat, desto schneller geht es.

Welche Anforderungen stellt die Übung an den Menschen?

Ihr müsst euer Pferd gut beobachten und spontan bereit sein, an der Übung zu trainieren. Mit ein bisschen Ausdauer funktioniert es dann.

Wie wird die Übung trainiert?

Wie oben schon erwähnt, braucht ihr für diese Übung ein gähnendes Pferd. Gähnen ist zwar sehr ansteckend, aber es erfordert schon einiges an Ausdauer, wenn ihr versuchen wollt, euer Pferd mit dem eigenen Gähnen anzustecken. Pferde ahmen zwar durchaus gerne nach, aber viel eher ihre Artgenossen als Menschen. Trotzdem kann es klappen, wenn ihr genug Ausdauer aufbringt, auch wenn wahrscheinlich vorher noch alle umstehenden Menschen anfangen zu gähnen. Aber vielleicht habt ihr ein Pferd, das oft in bestimmten Situationen gähnt, zum Beispiel nach dem Training, wenn ihm das Zaumzeug abgenommen wird oder beim Putzen. In dem Fall könnt ihr euch gut darauf vorbereiten. Ich habe festgestellt, dass es für den Anfang besser ist, ein Zeichen wie zum Beispiel Krabbeln am Widerrist oder auch ein Aufklappen der Hand zu wählen. Bei einem Wortkommando sind die Pferde oft gleich abgelenkt und hören auf. Euer Pferd gähnt, ihr gebt das neue Kommando und lobt gleichzeitig ganz viel. Schaut euer Pferd euch daraufhin verwundert an, gibt es gleich ein Leckerli. Damit es zu einer Verknüpfung kommt, müsst ihr das schon etliche Male wiederholen.

Wenn ihr meint, dass euer Pferd bereits eine ungefähre Ahnung hat, was ihr von ihm wollt, dann versucht einmal das Gähnen in der bekannten Situation auszulösen, bevor euer Pferd es anbietet. Sobald das klappt und ihr es einige Male erfolgreich versucht habt, könnt ihr es auch in anderen Situationen abrufen.

Zunge zeigen, auch eine lustige Übung.

Normalerweise muss man für eine solche Verknüpfung etwas an Ausdauer aufbringen. In einem Kurs hatte ich allerdings einmal einen älteren Appy, der schon etliche Tricks auf diese Art gelernt hatte, und mir fiel auf, dass er immer, wenn er ein Weilchen rumstand, anfing zu gähnen. Nachdem die Besitzerin ihm ein Signal dazu gab, dauerte es nur circa 20 Minuten und er hatte es begriffen – das Gähnen war abrufbar. Das war aber nur möglich, weil er diese Art des Lernens schon oft umgesetzt hatte.

Wie könnt ihr die Übung noch variieren?

Eine andere Übung, die ihr eurem Pferd auf die gleiche Art vermitteln könnt, ist das Zungezeigen. Dafür lobt ihr statt dem Gähnen einfach mal das Rausstrecken der Zunge, wenn euer Pferd euch das anbietet. Manche Pferde wie mein Carlito kosten ein Leckerli besonders lange aus und schlecken und schmatzen noch ewig darauf herum, auch wenn es schon lange gegessen ist. Dabei kommt auch mal die Zunge raus und das ist dann die ideale Gelegenheit, das zu belohnen. Natürlich braucht es wieder ein Weilchen, bis euer Pferd genau weiß, wofür es die Belohnung bekommt und bis es auf ein Kommando reagiert.

Auch bei dieser Übung gilt, dass ihr das Zungezeigen nicht mehr belohnt und beachtet, sobald es euer Pferd auf Kommando kann. Gerade diese wenig arbeitsintensive Übungen werden sonst nämlich gerne immer wieder ausprobiert.

18

Das **Apportieren**

Feivel lässt sich auch von dem kleinen »Reiter« beim Apportieren nicht durcheinanderbringen.

Das Apportieren ist eine Übung, die man recht einfach halten kann, die aber mit zunehmendem Können auch ganz toll ausbaufähig ist. Da die Übung keine besonderen körperlichen Voraussetzungen erfordert, eignet sie sich zudem sehr gut für Handicap-Pferde oder Pferde, die gerade in der Bewegung eingeschränkt sind. So kann man einfach den Kopf beschäftigen und ihnen viel Abwechslung verschaffen. Zudem fixieren sich die meisten Pferde sehr auf den Apportiergegenstand und wollen ihn haben. So kann man diesen sehr gut nutzen, um das Pferd herauszulocken, wenn es sich nicht traut oder sehr zurückhaltend ist.

VIDEO

Schaut rein: So startet ihr **das Apportieren.**

Wie soll die Übung aussehen?

Das Pferd nimmt auf Kommando einen Gegenstand und hält ihn so lange im Maul, bis ein weiteres Kommando kommt und ihr ihm den Gegenstand wegnehmt. Im weiteren Ausbau lernt das Pferd außerdem, den Gegenstand vom Boden aufzunehmen und ihn zu bringen oder auch einen weggeworfenen Gegenstand zu holen. Je nach Temperament eures Pferdes wird das eine richtige Actionübung oder eine eher ruhige Angelegenheit.

Eine Variation der Übung wäre noch, dass das Pferd den Gegenstand nicht nur festhält und dann hergibt, sondern ihn auch auf Kommando fallen lässt oder in einen Korb wirft. Allerdings sollte die Festhalteübung vorher schon gut gefestigt sein, bevor man damit beginnt. Um es dem Pferd leichter zu machen, kann man für diese Übung auch noch einen anderen Gegenstand nehmen, zum Beispiel den festen Ring für das Festhalten und einen weichen Ball zum Loslassen.

Welches Zubehör braucht ihr dazu?

Zum Apportieren eignen sich verschiedene Sachen und je nach Pferd wird Stoff oder auch Gummi bevorzugt. Beachtet dabei immer, dass ein Pferd eine enorme Beißkraft hat und die Dinge sehr stabil sein müssen und nicht splittern dürfen. Außerdem sollten sie so groß sein, dass ein Pferd sie nicht verschlucken kann.

In meinem jugendlichen Übermut habe ich damals mal einen Handschuh dafür benutzt. Mein Pferd fand den nach Apfel riechenden Handschuh so toll, dass es ihn sofort eingesaugt hat. Mit viel Glück habe ich ihn gerade noch an einem Finger erwischt und wieder aus dem Pferdemaul gezogen ...

Ich habe positive Erfahrungen mit einem Wurfring für Kinder gemacht, den die meisten Pferde gut annehmen, aber auch ein Zergel für Hunde oder ähnliches Spielzeug eignet sich gut. Später könnt ihr das Apportieren natürlich auf verschiedene Gegenstände wie Pylonen oder auch den eigenen Futtereimer ausdehnen, je nach Vorliebe eures Pferdes. Gerade am Anfang ist es aber ratsam, bei einem Gegenstand zu bleiben, bis das Pferd wirklich verstanden hat, was es tun soll.

Sobald ihr auf einen anderen Gegenstand umstellen oder die Spielzeugliste eures Pferdes erweitern wollt, kann es durchaus passieren, dass es erst einmal mit einem großen Fragezeichen in den Augen vor euch steht. Manche Pferde verbinden die Übung stark mit dem einen Gegenstand und manchmal sogar mit dem Trainingsort, Sie sind dann total verwirrt, wenn ihnen etwas anderes vor die Nase gehalten wird. Dann fangt ihr einfach mit der Übung ganz von vorne an, aber diesmal wird es nicht so lange dauern, denn euer Pferd kennt die Grundübung bereits und muss sie nur mit dem neuen Gegenstand verbinden. Je öfter ihr es mit veränderten Situationen konfrontiert, desto flexibler wird es in dieser Hinsicht auch werden.

Welche Herausforderungen gibt es für das Pferd?

Wie bei jeder Übung muss das Pferd zuerst einmal eine Verknüpfung der Tätigkeit mit dem Kommando herstellen. Es muss also begreifen, dass es nicht nur in den Gegenstand beißen soll, was die meisten Pferde sehr gerne tun, sondern ihn auch noch festzuhalten hat.

Die nächste Herausforderung ist dann das Gehen mit einem Gegenstand im Maul, denn im Gegensatz zu Hunden machen Pferde eigentlich keine Beute und müssen diese auch nicht transportieren. Somit ist das auch keine »natürliche« Übung für unsere Pferde und sie müssen erst erlernen, das Festhalten und Gehen oder Laufen zu verbinden.

Welche Anforderungen stellt die Übung an den Menschen?

Beim Erlernen ist, wie meistens, das richtige Timing wichtig und ein Gefühl für den ersten kleinen Schritt. Zudem erfordert es auch ein wenig Geschickt, da ihr mit Belohnung, Apportiergegenstand und eventuell Halfter gleichzeitig hantieren müsst. Dabei ist es besonders wichtig, dass ihr schnell belohnt und die Übung nicht so lange ausdehnt, sonst lässt das Pferd den Gegenstand gegebenenfalls fallen.

Wie wird die Übung trainiert?

Gerade für das Erlernen eignet sich der Wurfring am besten und so beschreibe ich die Übung auch mit dem Ring. Für den Anfang trägt das Pferd ein Halfter und soll ruhig neben euch stehen. Ihr steht seitlich auf der rechten Seite des Pferdes, sodass ihr es mit der linken Hand locker am Halfter halten könnt. Ebenfalls in der linken Hand haltet ihr ein Leckerli, um dann schnell belohnen zu können, aber ohne dass euer Pferd das mitbekommt. Ansonsten könnte es zu sehr abgelenkt sein. Den Ring legt ihr euch einfach auf die flache rechte Hand und bietet ihn eurem Pferd an. Gerade bei jungen Hengsten oder Wallachen, die noch etwas mäulchenfixiert sind, reicht das meistens aus und euer Pferd schnappt sich den Ring und hält ihn oft auch schon fest. Jetzt nehmt ihr den Ring und zieht ihn eurem Pferd aus dem Maul, gleichzeitig bekommt es im Tausch mit der linken Hand sofort ein Leckerli gereicht und wird ausgiebig gelobt.

Das Ziel dabei ist, dass euer Pferd lernt, auf das Tauschangebot zu warten und den Ring so lange festzuhalten, bis es das Kommando und das Leckerli angeboten bekommt.

Das Pferd muss eine Verknüpfung herstellen, wofür es die Belohnung eigentlich bekommen hat, also dafür, dass es den Ring hält und ihn sich anschließend wegnehmen lässt. Dafür braucht es schon einige Wiederholungen. Es kann vorkommen, dass auch Pferde, die den Ring sofort festhalten, beim dritten oder vierten Mal keine Lust mehr auf diesen haben, nachdem sie festgestellt haben, dass er geschmacklich nicht so toll ist. Stattdessen fordern sie gleich das Leckerli ein und versuchen, den Ring einfach wegzuschieben. Genau dafür ist nun das Halfter da. Mit der linken Hand könnt ihr den Kopf des Pferdes etwas fixieren und ihm den Ring zwischen die Lippen schieben, bis er an den Zähnen ist. Jetzt ist euer Gefühl gefragt, denn ihr müsst den Ring an den Zähnen platzieren und halten, auch wenn euer Pferd versucht, diesen wegzuschieben. Leicht gesagt, aber so einfach ist das gar nicht – locker dranbleiben und den ersten Schritt in die richtige Richtung belohnen. Doch welcher ist der erste Schritt?

Zähne dran reicht schon.

Ein erstes kurzes Festhalten.

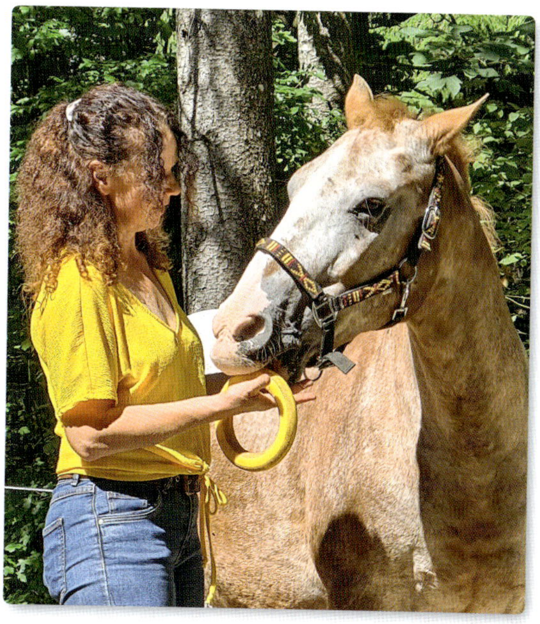

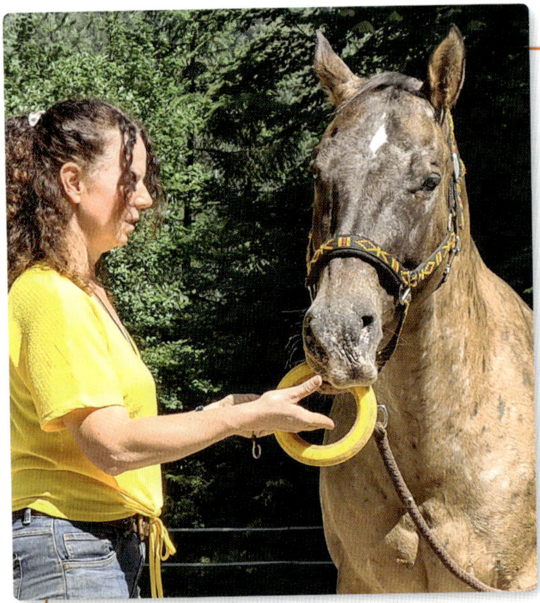

Testen, ob er schon selber festhält.

Sofort gibt es die Belohnung für das Wegnehmen-Lassen.

Der ist nämlich winzig und besteht nur darin, dass das Pferd die Zähne leicht öffnet und an dem Ring knabbert. Das reicht schon – wegnehmen, tauschen und loben. Das Pferd muss nun die Verknüpfung herstellen, dass es für »Zähne dran« die Belohnung gibt. Aus diesem ersten leichten Öffnen der Zähne wird sehr bald ein zaghaftes Festhalten und schließlich auch wieder ein richtiges Festhalten. Sobald das Festhalten wieder oder auch erstmalig gefestigt ist, kommt das Kommando dazu. Ich nehme als Kommando immer »Nimm's« und zum Wegnehmen »Aus«, aber ihr könnt natürlich auch andere Kommandos verwenden.

VIDEO

Apportieren geht auch mit ganz viel Action.

Im nächsten Schritt könnt ihr ganz langsam die Festhaltezeit verlängern. Dabei beobachtet ihr euer Pferd genau und versucht zu verhindern, dass es den Ring fallen lässt. Für die ersten Versuche empfiehlt es sich, die Hand im Innenrund des Rings zu halten, ohne diesen festzuhalten. Sollte das Pferd den Ring doch einmal fallen lassen, dann fällt er in die Handfläche und ihr könnt ihn dem Pferd sofort wieder anbieten, wegnehmen und belohnen. Belohnt wird also nur das Festhalten beziehungsweise das Wegnehmen. Wenn euer Pferd den Ring fallen lässt, bekommt es nichts. Da Pferde aber eine Handlung nur wiederholen, wenn sie sich auch lohnt, könnte es leicht sein, dass sie nach einigen Malen ohne Belohnung beschließen, den Ring nicht mehr anzunehmen. Darum ist es wichtig, dass ihr eurem Pferd den Ring gleich nach einem Fehlversuch erneut anbietet und durch eine kurze Festhaltezeit sofort wieder ein

Die Festhaltezeit wird ausgedehnt.

Erfolgserlebnis schafft. Die Übung wird immer beendet, so lange das Pferd noch Interesse am Ring zeigt und diesen haben will. So bleibt der Ring begehrenswert und euer Pferd wird beim nächsten Mal noch viel eifriger mitmachen.

Jetzt gibt es leider keine Belohnung, also schnell wieder anbieten.

Wenn euer Pferd nun den Ring auf euer Kommando hin nimmt, ihn eine Weile festhält und ihn sich dann mit dem Auslasskommando wegnehmen lässt, ist es Zeit für den nächsten Schritt. Bisher hat euer Pferd den Ring immer schön angereicht bekommen, aber jetzt soll es ihn selber holen. Dazu legt ihr den Ring auf den Boden oder buddelt ihn ein wenig in den Sand ein, damit er aufrecht steht. Alternativ könnt ihr ihn euch auch aufrecht zwischen die Füße klemmen. Jetzt gebt ihr das Kommando und zeigt auf den Ring. Nimmt das Pferd nun den Ring und hebt ihn hoch, dann wartet am Anfang nicht zu lange mit dem Wegnehmen, sondern belohnt recht schnell. Bei manchen Pferden müsst ihr anfangs den Ring auch in Bodennähe abnehmen. Viele Pferde tun sich mit dem Festhalten und Bewegen zu Beginn etwas schwer und neigen dazu, den Ring fallen zu lassen. Andere finden ihn am Boden erst mal nicht. Diesen Pferden kann man helfen, indem man den Ring in der Hand behält und ihn immer ein Stückchen mehr Richtung Boden hält. Diese Übung könnt ihr noch ein wenig im Schwierigkeitsgrad steigern, indem ihr den Ring etwas

Nicht so einfach: Die Kombination aus schwere Sachen festhalten und Podest.

weiter entfernt von eurem Pferd auf den Boden legt. Dabei bleibt ihr in der Nähe stehen, sodass ihr ihn gleich wieder wegnehmen und das Pferd belohnen könnt, sobald es zum Ring gegangen ist und diesen aufgenommen hat. Die Entfernung, die das Pferd laufen muss, wird dabei langsam gesteigert.

Wie könnt ihr die Übung weiter ausbauen?

Wie anfangs schon erwähnt, ist es für Pferde nicht so einfach, das Festhalten und Gehen miteinander zu verknüpfen. Wenn ihr nun ein Pferd habt, das schon gut auf Zuruf zu euch kommt, könnt ihr die folgende Übung prima frei machen und somit im Tempo des Pferdes bleiben. Auch hier gilt wieder: mit kleinen Schritten anfangen und diese festigen, dann geht es bald umso schneller. Der erste Schritt zum Gehen ist total unspektakulär. Ihr stellt euch dazu neben euer Pferd, sodass es den Kopf wenden muss, damit es euch den Ring geben kann. Übt das einige Male, bevor ihr euch noch ein kleines Stückchen weiter weg stellt und euer Pferd nun entweder das Gewicht verlagern oder sogar schon einen kleinen Minischritt auf euch zu machen muss, um den Ring abzuliefern. Klappt das bereits gut? Dann geht noch ein Stück weiter weg, sodass euer Pferd ein bis zwei richtige Schritte machen muss. Sobald das klappt, dauert es meistens nicht mehr lang, bis es den Ring gut festhält und damit marschiert.

Wenn die Teilschritte alle gefestigt sind, wird es Zeit, die Übung auch einmal komplett zu probieren. Zuerst wird alles im Schritt schön langsam geübt, bis euer Pferd den weggeworfenen Ring sicher holt und auch zurückkommt. Je nach Pferdetyp lässt sich jetzt das Tempo noch steigern und so richtig Action in die Übung bringen. Seid aber nicht enttäuscht, wenn euer Pferd die Übung eher gemütlich ausführt. Nicht jedes Pferd ist für die Actionvariante zu begeistern, denn dafür braucht es einfach ein sehr aktives Tier. Aber egal, in welchem Tempo es nun geht, euer Pferd hat eine tolle Übung gelernt und verdient ganz viel Lob.

Mein Feivel braucht immer viele Pausen, um neue Übungen zu durchdenken. So hat er zwar recht schnell das Apportieren gelernt, aber umso länger hat es gedauert, bis er sich den ersten Schritt getraut hat. Nach dem Ring wollte ich, dass er mir seinen Futtereimer gibt, sobald er fertig ist und ich ihm das Kommando gebe. Eine Übung, die wir täglich einmal gemacht haben. Ich musste ihn schon einige Male auffordern, mit dem Eimer im Maul einen Schritt auf mich zu zu machen. Der Anfang

Apportieren ist auch sehr praktisch, wenn man aufräumt.

war dann auch nur eine Halsdrehung mit dem Eimer im Maul zu mir. Er musste richtig viel überlegen, bis er sich getraut hat. Als er dann endlich den ersten kleinen Schritt gemacht hat, für den ich ihn natürlich überschwänglich gelobt habe, hat er sich so gefreut, dass er mir beinahe mit dem Eimer eins übergebraten hätte. Den ersten richtigen Schritt hat er zwar bald gemacht, aber dabei den Eimer fallen gelassen. Kein Problem, denn Aufheben kann er ja und bis zum Gehen und Festhalten war es dann nicht mehr weit. Die Strecke haben wir langsam ausgedehnt. Inzwischen räumt er ganz brav jeden Tag seinen Futtereimer auf, wenn er fertig gefressen hat. So etwas kann man wirklich schön jeden Tag einfach ein paar Minuten üben und so kleine Erfolge einbauen. Feivel ist ein Pferd, das eine Lektion anfangs auch immer mit dem Ort verknüpft, an dem er sie gelernt hat. Für ihn ist es einfacher, wenn ich stets am selben Ort übe. Irgendwann kommt allerdings auch mal die Zeit, es an einem anderen Ort zu versuchen. Das ist dann eine gewaltige Denkarbeit für meinen Kleinen. Ich muss ihm Zeit zum Überlegen lassen und ihn mit ganz viel Lob unterstützen, wenn er in die richtige Richtung denkt, dann klappt es auch bald.

19

Das **Beinekreuzen**

Das ist eine Übung, die ich im Kurs auch sehr gerne anbiete, da es dem Menschen beibringt zu fühlen, wann das Pferd bereit für die Hilfe ist.

Das Endziel: Beine kreuzen synchron mit minimalen Hilfen.

Wie soll die Übung aussehen?

Bei der fertigen Übung kreuzt euer Pferd auf ein leichtes Antippen an der Schulter ein Vorderbein über das andere, oder wenn ihr eure Beine überkreuz nehmt, und bleibt so stehen. Macht ihr einen Schritt zur Seite, stellt es die Beine ebenfalls wieder nebeneinander.

Ihr könnt die Übung von der Seite, aber auch von vorne abrufen und sie so weit ausbauen, dass euer Pferd die Beine wechselseitig kreuzt und mit euch tanzt.

Welches Zubehör braucht ihr dazu?

Zum Erlernen dieser Übung braucht ihr lediglich ein Halfter und einen Führstrick oder ein Halsseil.

Welche Herausforderung gibt es für das Pferd?

Das Schwierigste an dieser Übung ist für euer Pferd tatsächlich das Nichtstun. Es muss sich anfangs nämlich von euch bewegen lassen und weiß noch nicht, was von ihm erwartet wird.

VIDEO

Möchtet ihr mit dieser Übung loslegen?
Dieser Clip zeigt den Einstieg.

Vor allem ranghohe Pferde haben dabei oft ein Problem, wirklich loszulassen, und gerade denen tut es mal richtig gut, die Verantwortung abzugeben.

Welche Anforderungen stellt die Übung an den Menschen?

Beim Erlernen müsst ihr euer Pferd verschieben, aber nicht das ganze Pferd, sondern nur die Vorhand für einen Schritt und das geht nur, wenn das Pferd die Muskulatur locker lässt. Das müsst ihr erfühlen lernen. Auch wenn das nicht einfach ist, ist das eine Fähigkeit, die euch in ganz vielen Bereichen im Training und auch im täglichen Umgang weiterhelfen kann. Ebenso ist das Timing bei dieser Lektion sehr wichtig und ihr müsst schnell reagieren. Zudem sollen eure Hände auch noch gleichzeitig verschiedene Dinge tun und das fällt uns Menschen meist recht schwer.

Wie wird die Übung trainiert?

Euer Pferd trägt für das Training ein Stallhalfter. Den Führstrick legt ihr ihm wie ein Halsseil nicht zu locker um den Hals. Ihr steht jetzt auf der linken Seite in Höhe des Kopfes und schaut nach hinten. Eure linke Hand ist am Halfter, die rechte hält das anliegende Halsseil etwas unterhalb der Schulter mit Kontakt zum Pferd. Durch diese Position leicht vor der Schulter blockiert ihr automatisch eine eventuelle Vorwärtstendenz eures Pferdes. Das Pferd steht gleichmäßig auf allen vieren, wobei das linke Vorderbein gut einen Hufbreit vor dem rechten stehen sollte. Jetzt schiebt ihr den Kopf leicht nach rechts – immer vom Pferd aus gesehen –, sodass es das rechte Vorderbein mehr belastet. Der Hals eures Pferdes soll dabei locker bleiben und nicht angespannt. Das hat den Sinn, dass das rechte Vorderbein durch die Gewichtsbelastung eher stehen bleibt und nicht zur Seite tritt.

Das Halsseil und die korrekte Beinstellung.

Der Kopf geht Richtung Standbein.

Wenn das Pferd locker ist, reicht ein kleiner Schubs am Oberarm.

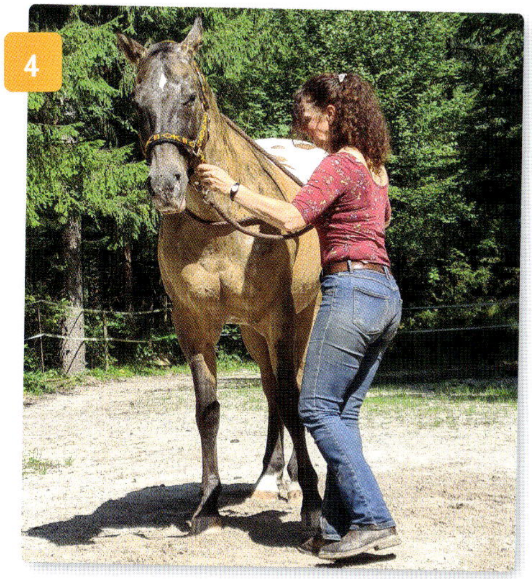

Zurück geht es nur am Halsseil.

Jetzt übt ihr leichten Druck mit der rechten Hand aus und versucht zu erfühlen, ob euer Pferd entspannt ist. Das könnt ihr mit der Hand, die das anliegende Halsseil hält, am Muskel erfühlen. Solange ihr Gegendruck bekommt, bringt es nichts, den Druck zu erhöhen. Spürt ihr, dass euer Pferd nachgibt? Das ist der richtige Moment, um den Druck ganz leicht zu erhöhen und euer Pferd sachte rüberzuschieben, sodass es mit dem linken Vorderbein über das rechte kreuzt. Nun müsst ihr schnell sein, denn bevor es auf dem kreuzenden Bein Gewicht aufnimmt, müsst ihr es am Halsseil zurückziehen. Seid ihr da zu spät dran, macht euer Pferd einen kleinen Doppelschritt. Für den Anfang ist das auch nicht schlimm, schließlich geht es erst mal um die generelle Bewegung. Das Zurückziehen geht nur am Halsseil, denn ihr müsst die Schulter wieder zu euch zurückholen. Die linke

Hand am Halfter darf nicht mit zurückziehen. Das ist gar nicht so einfach, denn wir Menschen neigen sehr dazu, mit beiden Händen das Gleiche zu tun. Zieht ihr allerdings das Pferd am Halfter zurück, macht ihr die rechte Schulter frei und euer Pferd wird rechts heraustreten. Wenn ihr zu viel Druck ausübt und euer Pferd noch angespannt ist, verschiebt ihr wahrscheinlich das ganze Pferd und nicht nur seine Schulter.

Anfangs ist das gar nicht so einfach, weil euer Pferd auch noch nicht weiß, was von ihm verlangt wird, und nicht mithelfen kann. Vielmehr muss es sich von euch bewegen lassen. Doch warum machen wir das so kompliziert? Fast kein Pferd bleibt von sich aus mit gekreuzten Beinen stehen, sondern wird immer wieder versuchen, sich gerade hinzustellen, indem es wie bei den Seitengängen einen Ausfallschritt macht oder gleich weiter seitlich geht und das Kreuzen auflöst. So fällt es schwer, die Stellung zu belohnen, die ihr haben wollt. Dadurch, dass ihr euer Pferd aus dieser gekreuzten Stellung immer wieder zurückholt und belohnt, fängt es bald an, auf das Zurückholen zu warten und verharrt mit gekreuzten Beinen. Jetzt könnt ihr die Stellung belohnen, die ihr eigentlich haben wollt. Das Pferd wird das Kopfstellen nicht mehr brauchen und fürs Kreuzen bleibt nur ein kleiner Schubs an der Schulter übrig. Auch beim Zurückholen reicht es dann, einen kleinen Schritt zur Seite zu weichen und das Pferd sozusagen wieder mitzunehmen. Ihr könnt dabei wieder in dieselbe Richtung wie euer Pferd schauen, sobald ihr ihm keine umfangreiche Hilfestellung mehr geben müsst.

Sobald eine Seite sitzt, könnt ihr ihm die Lektion auch auf der anderen Seite beibringen. Für das Pferd ist das verständlicher, als wenn ihr immer mal wieder wechselnde Seiten übt. Um das Kreuzen von vorne abzurufen, fangt ihr erst an, neben dem Pferd selber die Beine zu kreuzen, wenn euer Pferd die Lektion zeigen soll. Meistens fangen die Zweibeiner schon unbewusst damit an, ohne es selber zu merken. Dabei verschiebt ihr eure Position langsam immer mehr vor euer Pferd. Sollte es irgendwann nicht mehr reagieren, geht einfach wieder einen Schritt näher ran. Kann euer Pferd die Lektion von beiden Seiten schon auf euer Beinekreuzen hin zeigen, wenn ihr danebensteht? Dann könnt ihr noch eine andere Variante ausprobieren. Zuerst kreuzt ihr und euer Pferd gemeinsam nach rechts, dann löst ihr die Übung nicht auf, sondern kreuzt gleich noch nach links. Oft ist es so, dass euer Pferd automatisch die Bewegung nachahmt und auch kreuzt. Passiert das nicht, kommt das Halsseil noch mal zum Einsatz und ihr zieht euer Pferd sachte mit. Falls das keinen Erfolg hat oder euer Pferd nun verunsichert ist, gibt es noch einen kleinen Trick: Lasst euch von einem Helfer auf der anderen Seite unterstützen und ruft es einige Male abwechselnd ab, wobei ihr und euer Helfer die Bewegung mitmacht. So geübt dauert es sicher nicht lange, bis ihr auf den Helfer verzichten könnt.

Es war mal in einem meiner Kurse ein Pferd dabei, das immer, wenn es Gamaschen anhatte, ein Bein über das andere kreuzte. Es blieb dann auch so stehen oder rieb die Beine aneinander. Es ist natürlich nicht besonders praktisch, dem Pferd jedes Mal für die Übung die Gamaschen anzuziehen, glücklicherweise gibt es die Möglichkeit, eine Aktion abrufbar zu machen. Der Wallach bekam die Gamaschen an und seine Besitzerin stellte sich vor ihn. Jedes Mal, wenn er nun ein Bein über das andere kreuzte, machte sie es ihm nach. Das Pferd wurde natürlich sofort ausgiebig gelobt und belohnt. Es dauerte bei diesem schlauen Pferdchen gar nicht lang, bis wir merkten, dass es schon auf das Signal wartete. Im nächsten Schritt nahmen wir ihm die Gamaschen ab, um zu sehen, was passiert. Wir merkten, wie es bei ihm ratterte, als sein Frauli vor ihm stand und die Beine kreuzte. Es dauert nicht lange und schon war er ihr Spiegelbild. So geht es natürlich auch, aber man hat selten ein Pferd, das von alleine die Beine kreuzt und bei dem man in diesem Tempo die Lektion nur noch abrufbar machen muss.

20

Das **Drehen**

Das Drehen ist eine Übung, die ganz langsam anfängt und die man dann in jedem Tempo und jeder Gangart machen kann.

Dabei soll das Pferd sich von euch wegdrehen und in einer Kreisbewegung wieder zurückkommen. Das Endziel dieser Übung ist das freie Drehen.

VIDEO

Hier seht ihr die **ersten Schritte zum Drehen**.

Welches Zubehör braucht ihr dazu?

Um dem Pferd klarzumachen, was ihr von ihm wollt, und es am Anfang zu begleiten, braucht ihr ein normales Stallhalfter und einen langen Strick.

Welche Herausforderungen gibt es für das Pferd?

Für das Pferd ist die Übung gar nicht so einfach, denn es muss etwas komplett Unlogisches machen. Es soll sich von euch abwenden und den weiteren Weg zu euch zurücknehmen. Euer Pferd sollte bei dieser Übung kein Problem damit haben, wenn etwas seine Hinterbeine berührt.

Welche Anforderungen stellt die Übung an den Menschen?

Bei dieser Übung müsst ihr eine Hilfe – den Strick –, auf die euer Pferd schon gut reagiert, langsam abbauen und eine andere Hilfestellung – Stimm- und Sichthilfe – mit einbauen, die dann langsam komplett übernimmt. Dafür braucht es eine gute Abstimmung und es ist schon eine tolle Vorübung für die komplizierteren Sachen.

Wie wird die Übung trainiert?

Euer Pferd steht mit Halfter und Führstrick ausgestattet neben euch. Nun hebt ihr den Strick über seinen Kopf und führt ihn auf der Kruppe liegend wieder zurück. Euer Pferd sollte dabei ruhig stehen bleiben. Den Strick lasst ihr nun langsam über die Kruppe gleiten. Haltet ihn etwas auf Spannung, während ihr neben der Hinterhand steht und euch ein paar Schritte rückwärts bewegt. Euer Pferd wird jetzt nicht am Strick herumgezogen, sondern es wird immer nur ein kleiner Impuls gegeben und dann wieder locker gelassen. Sobald sich das Pferd

1

Das Seil geht über den Rücken, dann folgt die Hinterhandwendung.

2

Ein Impuls am Seil und ein Handzeichen bewegen das Pferd.

3
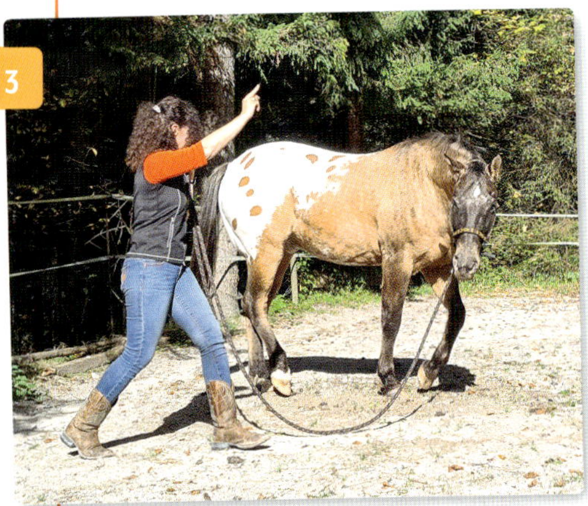

Jetzt geht es mehr in die Kreisbewegung.

4

Am losen Seil soll das Pferd ankommen.

5

Natürlich gibt es eine Belohnung.

euch zuwendet, geht ihr einige Schritte rückwärts auf eine Kreislinie, lockt es dabei noch zu euch her und lobt es, sobald es ankommt, ganz überschwänglich. Bald wird euer Pferd schon durch die Lage des Stricks wissen, was gefragt ist, und die Übung auch schneller ausführen, bis ihr es fast gar nicht mehr am Strick führen müsst.

Jetzt wird es Zeit, ein weiteres Kommando einzuführen. Ich zeige mit erhobenem Arm in die Richtung, in die das Pferd drehen soll und sage

1

Das freie Drehen.

2

So geht es dann schon schneller.

»Turn«. Anfangs bedeutet das für euer Pferd noch gar nichts, aber mit der Zeit wird es mehr auf die Kommandos als auf den Strick reagieren. Ob das schon gut klappt, könnt ihr überprüfen, indem ihr den Strick nicht mehr um die Hinterhand führt, sondern dem Pferd nur noch über den Rücken legt. So könnt ihr euer Pferd nur noch ein wenig anstupsen, den Rest muss es schon selbstständig machen. Keine Sorge, falls es noch nicht klappt, dann lasst einfach den Strick wieder herunterrutschen und macht es noch einige Male so, bevor ihr es wieder mit weniger Hilfestellung probiert.

Je näher ihr zu Beginn der Übung Richtung Pferdekopf steht, umso schwieriger wird es für euer Pferd. Da das Endziel aber ist, dass euer Pferd neben euch geht und die Drehung dann von dort ausführt, beginnt ihr, wenn die Übung klappt, langsam damit, eure Position in Richtung Schulter zu verlagern. Das ist dann Denksport für euer Pferd, denn es muss die Übung ja ausführen, obwohl der direkte Weg zu euch viel kürzer und einfacher wäre. Zuerst trainiert ihr die Übung im Stehen und versucht in ihrem zweiten Teil durch Anfeuern mehr Tempo hineinzubringen. Durch das Rückwärtsgehen ladet ihr euer Pferd ein, euch zu folgen und das funktioniert sicher auch bald im Trab.

Wenn es im Stehen gut klappt, dass sich euer Pferd ohne Strick auf Kommando von euch wegdreht und wieder zurückkommt, könnt ihr die Anforderungen steigern. Eure Position sollte dabei an der Schulter sein. Lasst euer Pferd frei im Schritt neben euch gehen und gebt ihm das Signal zum Drehen. Vielleicht ist es anfangs noch verwirrt und weiß nicht so genau, was es tun soll. Dann hilft es manchmal, wenn ihr den Strick locker über dem Rücken liegen lasst, entweder am Halfter befestigt oder auch nur lose. Das gibt eurem Pferd noch einen kleinen Hinweis, was ihr von ihm wollt.

Je nach Temperament eures Pferdes könnt ihr die Übung später auch im Trab oder sogar im Galopp probieren. Gerade im Galopp müsst ihr aber auf einen ausreichenden Sicherheitsabstand achten. Euer Pferd sollte es schon gewohnt sein, neben euch zu galoppieren und den Abstand auch einzuhalten. Sonst kann es im Eifer des Gefechts schon mal passieren, dass das Hinterteil ausschwenkt und euch einen Schubs mitgibt.

21

Spielzeug für Pferde

Das Training mit verschiedenen Spielsachen hilft den Pferden, sich aufgeschlossen mit neuen Sachen zu beschäftigen, und ist auch von großem Nutzen für das Reittraining, da sie vorausschauender und vorsichtiger auffußen. Sie lassen sich von ungewohntem Untergrund oder sich spontan bewegenden Sachen auch nicht mehr so schnell aus der Ruhe bringen, wenn sie erst mal die Gelegenheit gehabt haben, sie mit einem sicheren Begleiter kennenzulernen.

Die meisten Spielsachen sind aus Holz gemacht und erfordern ein wenig handwerkliches Geschick. Um ein Pferd auszuhalten, müssen sie recht stabil und massiv gebaut sein. Das hat leider auch den Nachteil, dass sie sehr schwer sind und nicht so einfach zu transportieren.

Wenn ihr einen überdachten Lagerplatz habt, ist das natürlich ideal, aber oft ist das leider nicht der Fall. Dann müsst ihr unbedingt daran denken, dass Holz witterungsanfällig ist und mit der Zeit

Ganz viel buntes Spielzeug für Pferde.

darunter leidet. Überprüft darum regelmäßig, ob euer Podest, eure Wippe etc. nicht morsch ist und schaut vor allem auch unter eine mögliche Auflage aus Teppich oder Gummi. Oft schauen die Teile oberflächlich stabil aus, sind aber darunter schon kaputt. Bei den »Spielsachen« oder auch Hindernissen, die euer Pferd zu überwinden hat, gehe ich in den Beschreibungen in kleinen Schritten vor. Das hat den Sinn, dass ihr euer Pferd langsam heranführen könnt und so unvorhergesehene oder heftige Reaktionen möglichst vermeidet. Natürlich gibt es auch Pferde, die komplett unerschrocken an die Hindernisse herangehen, aber es ist besser, zu langsam vorzugehen als zu schnell und dann eventuell ein unerwünschtes Verhalten korrigieren zu müssen. Ebenso ist das Anhalten nach den Hindernissen in meinen Augen sehr wichtig, da ich nicht will, dass mein Pferd Hindernisse schnell überwindet und dann wegeilt. Es soll immer in Kommunikation mit mir bleiben und jederzeit und an jeder Stelle ruhig stehen bleiben können.

Die Spielzeuge sollten regelmäßig überprüft werden.

22

Ballspielen

Eine Übung, die bei manchen Pferden große Begeisterung auslöst, anderen aber so gar nicht liegt. Dabei kommt es auf die Veranlagung eures Pferdes an und ob es einen ausgeprägten Spieltrieb hat.

Bei jungen Hengsten und Wallachen sind Raufen und Verfolgungsspielchen meistens sehr beliebt und da ist es dann auch gar nicht so wichtig, ob das verfolgte Objekt nun ein Spielkamerad oder ein Ball ist.

Wie soll die Übung aussehen?

Hier kann euer Pferd sich einfach mal ausleben oder ihr könnt das Spiel auch in geregelte Bahnen lenken. Bei der ersten Variante braucht ihr ein spielbegeistertes Pferd, das meistens schon von sich aus den Ball verfolgt.

Ruhiger geht es dann beim erlernten Spiel zu. Da kann euer Pferd euch den Ball zuspielen oder ihn durch zwei Stangen schubsen.

Welches Zubehör braucht ihr dazu?

Logischerweise braucht ihr dafür einen Ball und zwar am besten einen großen Gymnastikball, den ihr auch ziemlich fest aufblasen müsst. Diese Teile halten einiges aus und das müssen sie bei einigen Rabauken auch. Das feste Aufblasen verhindert, dass euer Pferd eine Falte zu fassen bekommt und den Ball beim Reinbeißen festhält und dann kaputtbeißt. Es gibt Spezialisten, die das in Sekundenschnelle schaffen, wenn sie mal einen Ansatzpunkt gefunden haben. Kein direktes Zubehör, aber doch ganz praktisch ist ein fest umzäunter Platz mit einem Zaun, unter dem der Ball nicht durchpasst. Für das kontrollierte Spiel ist das zwar nicht unbedingt erforderlich und ihr könnt euer Pferd dafür sogar am Führstrick lassen, wenn es nicht anders geht, aber beim freien Verfolgungsspiel ist das eine Notwendigkeit. So ein Ball kann nämlich ganz schön weit fliegen oder rollen.

Wo liegen die Belastungen für das Pferd?

Beim ruhigen Ballspielen gibt es keine großen körperlichen Belastungen für das Pferd. Ihr könnt das Tempo und auch die Wendungen sehr gut an euer Pferd anpassen und die Übungen auch kontrolliert am Seil ausführen lassen. Auch Pferde in der Rekonvaleszenz können gut mitspielen und sogar im Stehen den Ball stupsen oder zuspielen. Ein wenig anders sieht es beim sehr actiongeladenen Spiel aus. Da ihr dabei die Bewegungen nicht kontrollieren könnt und die Pferde schon ziemlich abgehen, sollten sie auch fit dafür sein und keine körperlichen Beeinträchtigungen haben.

Welche Herausforderungen gibt es für das Pferd?

Es gibt natürlich die ganz forschen und unerschrockenen Pferdetypen, die sofort auf den Ball

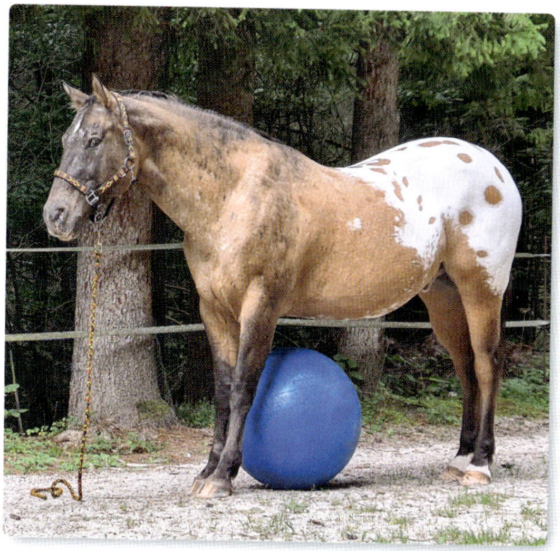

Feivel hat zwar keine Berührungsängste, aber auch noch keine Ahnung, was er mit dem Ball machen soll.

zugehen und ihn »erlegen« wollen. Für diese Typen besteht die Herausforderung darin, den Ball zu fangen, ohne gleich darüber zu fallen. Sie haben mit dem Ball an sich überhaupt keine Probleme.

Viele Pferde werden das runde Ding aber erst mal unheimlich finden und müssen lernen, sich anzunähern und sich mit einem beweglichen Objekt zu beschäftigen. Erschwerend kommt hinzu, dass der Ball durchaus ein Eigenleben entwickelt und sich auf das Pferd zubewegen kann. Das erfordert vom Fluchttier Pferd doch einiges an Mut, sich mit diesem Objekt immer wieder auseinanderzusetzen und es schließlich auch aktiv zu bewegen.

Welche Anforderungen stellt die Übung an den Menschen?

Timing ist wie immer wichtig, Geduld und auch ein wenig Geschick, wenn ihr zusammen mit eurem Pferd spielen wollt. Bei den ersten Schritten müsst ihr bedenken, dass euer Pferd das Objekt Ball ganz anders wahrnimmt als ihr und ihm dabei Sicherheit vermitteln. Es ist schwieriger einem Pferd, das sich bei den ersten Versuchen gleich erschreckt hat, wieder Vertrauen zu geben, als es anfangs mit ganz kleinen Schritten heranzuführen.

Wie wird die Übung trainiert?

Für das wilde freie Spiel braucht es nicht viel Training, sondern mehr ein sehr aktives und bewegungsfreudiges Pferd. Bei diesen Typen werft ihr einfach den Ball in die »Arena« und sobald es darauf zuläuft, feuert ihr euer Pferd richtig an. Meistens rennen sie sowieso schon eifrig darauf zu und versuchen in den Ball zu beißen oder mit den Vorderhufen danach zu schlagen. Ihr könnt das fördern, indem ihr begeistert lobt und den Ball immer wieder ins Rollen bringt oder bei schon geübteren Pferden auch mal einwerft und ins Hüpfen bringt. Achtet dabei aber darauf, dass ihr eurem Spieler nicht in die Quere kommt. So ein Ballprofi kann im Übereifer schon mal heftig werden.

Damit das Spiel nicht langweilig wird, dehnt es nicht zu lange aus, bis euer Pferd das Interesse am Ball verliert, sondern nehmt den Ball aus dem Spiel, solange euer Pferd ihn noch haben will. So wird es beim nächsten Mal wieder richtig wild auf den Ball sein. Aus diesem Grund sollte der Ball auch nicht als Dauerspielzeug im Auslauf liegen. Es hat aber nicht jeder solch einen Balljunkie daheim. Viele Pferde werden beim Anblick dieses komischen runden Dings weniger an wildes Spiel als mehr an Flucht denken, vor allem wenn es sich auch noch auf sie zubewegt. Darum ist es wichtig, dass ihr bei diesen Pferden den Ball gut unter Kontrolle habt.

Euer Pferd darf am festgehaltenen Ball gerne den ersten Kontakt mit der Nase suchen. Ihr könnt ihm die Erfahrung mit einem Leckerli noch angenehmer gestalten. So als Leckerliablage wirkt der Ball gleich viel sympathischer.

Die erste Kontaktaufnahme mit dem Ball.

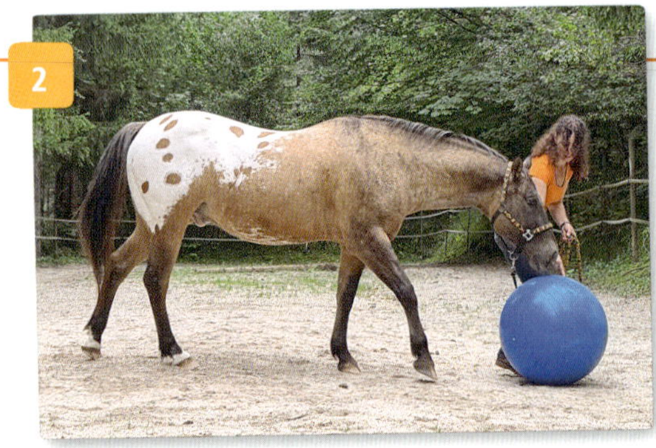

Erst einmal wird der Ball vom Pferd weggerollt, es soll ihn dabei verfolgen.

Dann geht`s kontrolliert ans Selber-Schubsen.

Wenn sich euer Pferd dem festgehaltenen Ball nun nähert und ihn vielleicht auch schon anstupst und berührt, dann rollt ihr ihn von ihm weg und verfolgt zusammen den Ball. Das Pferd habt ihr dabei am Strick und lasst es direkt hinter dem rollenden Ball gehen. Die meisten Pferde finden es toll, wenn der Ball nun vor ihnen wegläuft. Zwischendurch bleibt ihr immer mal stehen und fordert euer Pferd auf, mit der Nase an den Ball zu gehen und zu stupsen. Wenn es das tut, lobt ihr es sofort und rollt den Ball ein Stückchen weiter. Manche Pferde holen mit dem Bein aus und stupsen den Ball an, auch das könnt ihr sofort loben. Wenn es sich dem Ball nicht so aktiv nähern will, könnt ihr es auffordern, den Ball einfach wegzuschubsen, wenn ihr zusammen losgeht.

Dieses Ballwegschubsen und -verfolgen solltet ihr gut festigen und immer mal wieder euer Pferd dazu auffordern, den Ball aktiv zu bewegen. Erst wenn es das nach Aufforderung alleine macht, darf der Ball auch einmal »angreifen«. Bisher ist der Ball immer davongelaufen und euer Pferd hat die Bewegung nur beschleunigt. Jetzt aber kommt der Ball auf euer Pferd zu und es soll ihn wieder wegschubsen. Rollt ihn dazu anfangs mit der Hand kontrolliert auf euer Pferd zu und fordert es auf, den Ball anzuschubsen und wieder in eure Richtung zu bewegen. Wenn es so mutig ist, das zu tun, ist aber auch ganz viel Lob und Belohnung fällig. Sobald das Pferd dabei entspannt bleibt, könnt ihr den Ball richtig hinrollen lassen, damit euer Vierbeiner ihn in Empfang nehmen und zurückschubsen kann. Anfangs haltet ihr euer Pferd dabei am langen Führstrick, damit es nicht ausweicht, aber mit zunehmender Übung kann es das auch frei ausführen. Dabei kann es die Übung auch initieren und ihr könnt euch den Ball einige Male zuspielen.

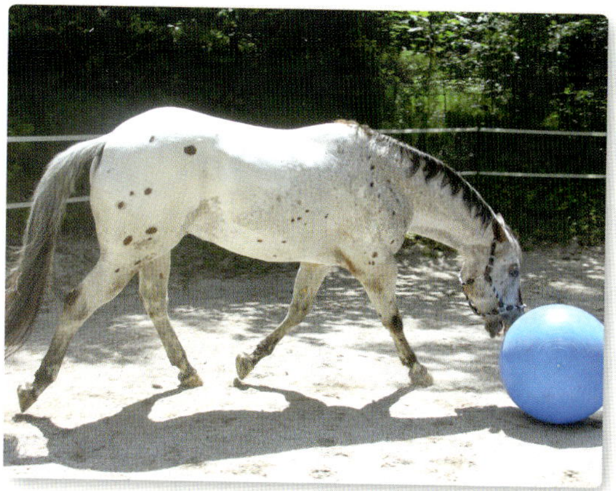

Dusty hat seinen Ball geliebt und richtig wild mit ihm gespielt.

Wie könnt ihr die Übung weiter ausbauen?

Im kontrollierten Spiel könnt ihr es auch mal mit zwei Pferden versuchen, die ihr aber am Anfang lieber am Strick lasst, damit es nicht aus Versehen zu wild wird. Bei eher ruhigen Vierbeinern könnt ihr es auch gleich mal frei üben und euch den Ball zuspielen. Eine andere Variante ist das Schubsen des Balls durch eine Stangengasse, die dabei wie eine Schiene für den Ball fungiert. Euer Pferd kann dabei den Ball anschubsen und ihn durch die Gasse rollen und sich am Ende die Belohnung abholen.

Die Übung unter dem Reiter

Auch unter dem Reiter kann euer Pferd mit dem Ball spielen, wobei es da meistens den Ball eher mit den Beinen beziehungsweise mit dem Körper schubsen wird. Ihr lenkt es dabei und könnt das ganz toll zusammen mit anderen spielen, wobei ihr euch den Ball zuspielt. Als Zäumung empfiehlt sich eine gebisslose Variante, falls euer Vierbeiner dabei zu eifrig wird und auch mal mit der Nase schubsen will. Das ist kein Problem, aber er sollte sich möglichst keinen Ruck ins Maul holen.

23

Das **Reifenspringen**

Das Reifenspringen ist eine lustige und actiongeladene Übung für Mensch und Pferd, die vor allem wenn sie schiefgeht und die Reifenteile mal mitgenommen werden, dem Pferd zeigt, dass man auch in ungewohnten Situationen ruhig bleiben kann.

Wie soll die Übung aussehen?

Bei dieser Übung, die an den Horse-Agility-Parcours angelehnt ist, soll euer Pferd durch einen Reifen aus Schwimmnudeln springen, während ihr daneben vorbeilauft.

Welches Zubehör braucht ihr dazu?

Natürlich braucht ihr für diese Übung einen Ring, den ihr euch gut aus ganz normalen Schwimmnudeln mit den passenden Verbindungsstücken

Natürlich müssen Hindernisse auch gründlich auf Festigkeit getestet werden.

basteln könnt. Dabei sind die Verbinder auch die Sollbruchstellen, falls euer Pferd hängen bleiben sollte. Ein Ring aus drei Nudeln ist relativ stabil und für alle Pferde geeignet, außer ihr habt ein kleines Pony, dann könnt ihr auch nur zwei nehmen. Da ihr den Ring irgendwo festmachen müsst, braucht ihr noch zwei Hindernisständer dazu. An denen könnt ihr den Ring rechts und links anbinden. Für die, die keine Hindernisständer daheim haben, gibt es noch eine günstige Alternative. Ihr könnt euch Ständer für die Schwimmnudeln einfach aus zwei mit Wasser oder Sand gefüllten Plastikschirmständern und zwei Rundstangen basteln. Das hält genauso gut.

Als Ausrüstung für euer Pferd braucht ihr ein Halsseil/einen Halsring oder ein Halfter, an dem ihr ein kurzes Stückchen Strick befestigt. Alternativ könnt ihr dem Pferd auch ein offenes Seil um den Hals legen, bei dem ihr dann ein Ende vor dem Sprung loslasst.

Wo liegen die Belastungen für das Pferd?

Das Reifenspringen ist eine doch recht actiongeladene Übung und die Pferde müssen dabei springen, wenn auch nicht hoch. Daher ist die Übung für Pferde mit Sehnenproblemen nicht geeignet, ebenso bei Krankheiten der Hufrolle oder Ähnlichem sollte man darauf verzichten.

Welche Herausforderung gibt es für das Pferd?

Bei dieser Übung muss euer Pferd springen, wenn auch nicht hoch, das heißt es muss die Entfernung und Höhe abschätzen. Das ist für Pferde, die im Training oder alleine springen meistens kein Problem. Was allerdings für viele Pferde sehr seltsam und manchmal auch beängstigend ist, ist der Bogen über ihrem Kopf. Darum solltet ihr euer Pferd in Ruhe damit bekannt machen, damit es nicht zurückscheut und verweigert. Es muss schließlich auch einschätzen, wie hoch es springen darf mit der Begrenzung nach oben.

Welche Anforderungen stellt die Übung an den Menschen?

Ihr müsst mit eurem Pferd zum Ring mitlaufen und ihm vorher ein präzises Zeichen geben, damit es auch durch den Ring springt, während ihr gleichzeitig das Seil oder den Halsring loslasst. Klingt gar nicht so schwer, kann aber im Laufen schon eine ziemliche Herausforderung werden.

Wie wird die Übung trainiert?

Der erste Schritt ist das Laufen durch einen Schwimmnudelbogen. Dafür bindet ihr je eine Schwimmnudel an einen Hindernisständer und verbindet beides oben mit einem Verbinder. Schon habt ihr einen Torbogen. Anfangs stellt ihr die Ständer nicht zu dicht zusammen, sodass ihr mit eurem Pferd gemeinsam hindurchgehen könnt. Dabei sollte das Pferd neben euch gehen, damit ihr nicht angerempelt werdet, wenn es mitten unter dem Bogen plötzlich schneller werden sollte. Lobt euer Pferd, wenn es brav durchgeht und geht danach noch ein paar Meter gerade weiter, bevor ihr stehen bleibt, euer Pferd wieder lobt und belohnt. Euer Pferd bekommt nun immer beim Haltepunkt nach dem Durchqueren (später auch Springen) ein Lob und Leckerli. Dadurch etabliert ihr eine Art Nothaltepunkt, der auch funktioniert, wenn euer Pferd mal die Schwimmnudeln oder die ganze Konstruktion mitnehmen sollte.

Sobald das gut klappt, versucht ihr euer Pferd alleine hindurchzuschicken. Dazu hat euer Pferd ein Halsseil um den Hals oder ein Halfter mit einem kurzen Stück Strick, das ihr dann loslassen könnt. Wenn euer Pferd von der Freiarbeit her bereits daran gewöhnt ist, neben euch herzulaufen, braucht ihr es natürlich nicht festzuhalten. Ansonsten nehmt ihr einfach das Halsseil oder den kurzen Strick locker in die Hand und lasst euer Pferd neben euch hergehen oder -traben. Kurz vor dem Bogen lasst ihr los und lauft aber neben dem Pferd und außerhalb des Bogens weiter. Ein Stückchen dahinter stoppt ihr wieder und lobt und belohnt euer Pferd.

Manche Vierbeiner sind aber besonders schlau und mogeln sich, wenn sie frei sind, an dem Bogen vorbei. Manchmal passiert das auch erst, wenn ihr mit dem Springen anfangt. Um das zu verhindern, könnt ihr rechts und links an den Hindernisständern noch Stangen hinlegen, um eine Art Gasse zu bilden. Diese führt euer Pferd dann direkt zum Bogen/Reifen hin, aber passt auf, dass ihr nicht auf einmal selber darüber stolpert. Für die ersten Versuche beim Durchspringen ist es ratsam, eine Stange direkt vor dem Schwimmnudelring zu platzieren, damit euer Pferd nicht gleich den ganzen Ring abbaut, wenn es den Sprung nicht so ganz ernst nehmen sollte. Dafür sollte die Stange ein wenig höher sein als der untere Ring. Es gibt nämlich auch Spezialisten, die gleich mal herausfinden, dass der Ring nachgiebig ist und dann überhaupt nicht mehr aufpassen. Da hilft dann die Stange, die dem ganzen Gebilde mehr Stabilität und damit Beachtung verleiht.

Sobald euer Pferd eine gewisse Sicherheit im Reifensprung bekommen hat, könnt ihr die Stange wieder wegnehmen. Jetzt kann es auch mal vorkommen, dass euer Pferd die Hufe doch nicht hoch genug nimmt und den ganzen Reifen mitschleift. Bei ganz stabilen Hindernisständern wird dann einfach der Ring an den Verbindern aufgehen und vielleicht noch die einzelne Schwimmnudel durch die Gegend fliegen. Ein wenig anders ist es bei der leichteren Version. Da nimmt euer Pferd unter Umständen die ganze Konstruktion einfach mal ein Stückchen mit. Aber keine Sorge, die Verbinder gehen auch an den anderen Stellen

Nach einiger Übung könnt ihr den Ring auch noch dekorieren.

auf. Wenn ihr nun den Haltepunkt hinter dem Sprung gut eingeführt habt, wird euer Pferd auch mit Schwimmnudel dran an dem Punkt anhalten und seine Belohnung wollen. Genau dafür ist er vorgesehen. So ganz nebenbei lernen die Pferde, dass Unvorhergesehenes nicht unbedingt gleich eine Katastrophe ist und sie nicht sofort flüchten müssen.

Wie könnt ihr die Übung weiter ausbauen?

Je nachdem, wie weit ihr mit eurem Pferd nun schon in der Freiarbeit seid, könnt ihr auch andere Variationen ausprobieren. Wie wäre es damit, das Pferd ein Stück hinter dem Reifen zu platzieren und es dann abzurufen? Dafür bietet es sich an, für den Anfang eine Gasse mit Flatterband oder etwas Ähnlichem zu bauen, damit das Pferd auf der Spur bleibt. Ihr könnt auch ein wenig Schrecktraining in den Reifensprung mit einbauen. Dafür bietet sich eine Dekoration mit Luftballons oder Luftschlangen um und im Reifen an. Natürlich sollte euer Pferd schon sicher im Springen sein, bevor ihr den Ring aufhübscht und interessanter gestaltet.

Die Übung unter dem Reiter

Ihr könnt natürlich auch gemeinsam mit eurem Pferd durch den Ring springen. Das macht ihr am besten erst, wenn es alleine schon sehr gut klappt. Dabei sollte euer Pferd auch ruhig bleiben, sollte es mal aus Versehen den Ring oder gleich den ganzen Aufbau mitnehmen. Die meisten Pferde verstehen sehr schnell, was es mit dem Ring auf sich hat und dass nach Durchquerung eine Belohnung wartet. So sind sie bei dieser Übung immer sehr eifrig, wenn sie ihre anfängliche Skepsis abgelegt haben. Für den gemeinsamen Sprung und besonders für die ersten Versuche ist es ratsam, dass ihr den Ring etwas vergrößert. Dazu könnt ihr noch eine weitere Schwimmnudel oder bei kleineren Pferden auch eine halbe Nudel zusätzlich einfügen. Das verschafft euch etwas mehr Platz nach oben und ihr müsst euch nicht ganz so flach auf den Pferdehals legen. Manche Pferde springen auch mit Reiter ein wenig höher als ohne und da könnt ihr das Bisschen mehr Platz nach oben gut gebrauchen. Auch wenn es nicht hoch ist, solltet ihr für diese Übung aber schon ein wenig Springerfahrung gesammelt haben. Falls ihr noch etwas unsicher seid, ob euer Pferd mit euch auch ganz sicher durchspringt, kann ein Helfer in der bekannten Position vom Boden aus mitlaufen und euch Beiden dadurch Sicherheit geben.

Mit drei Schwimmnudeln wird es mit Reiter etwas eng, aber ihr könnt auch gut auf vier erweitern.

24

Die **Treppe**

Die Treppe ist ein sehr vielseitiges Hindernis und ihr könnt es auf verschiedene Arten benutzen. Da lohnt sich sogar für einen kleinen Stall der etwas aufwendigere Bau.

Wie soll die Übung aussehen?

Euer Pferd soll dabei an der Hand oder auch unter dem Reiter ganz ruhig und überlegt die Treppe überwinden und jederzeit anhaltbar sein. Auch seitlich könnt ihr die Treppe in verschiedenen Höhen überwinden oder auf den einzelnen Teilen umdrehen, wenn euer Pferd genug Geschicklichkeit erlangt hat. Die einzelnen Teile könnt ihr gut als unterschiedlich hohes Palettenpodest verwenden.

Welches Zubehör braucht ihr dazu?

Für dieses Hindernis braucht ihr zuerst einmal einige Paletten, die ihr oben mit Brettern für die

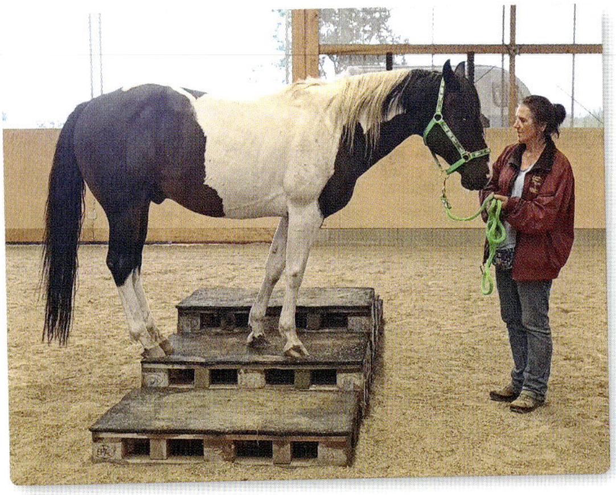

Geht man das Ganze seitlich an, verwandelt sich die Treppe in ein Podest mit drei verschiedenen Höhen.

Belastung durch Pferdehufe und Gewicht verstärkt. Wenn ihr es ganz sicher machen wollt, könnt ihr auf den Brettern noch einen Gummiboden oder Teppich festmachen. Damit es eine richtige Treppe wird, befestigt ihr zweimal zwei Paletten übereinander und einmal sogar drei Stück. Den Einstieg bildet auf jeder Seite eine einzelne Palette. Durch das doch recht hohe Eigengewicht liegen die Paletten stabil, wenn euer Pferd nicht zu eng an der Kante aufsteigt. Daher ist es auch nicht nötig, die fünf Teile miteinander zu verbinden, sodass ihr sie auch einzeln gut verwenden könnt. Neun Paletten sind für die große Treppe nötig, aber mit vier Paletten könnt ihr auch eine kleinere Version bauen. Dabei ist das mittlere Teil dann nur zwei Paletten hoch.

Wo liegen die Belastungen für das Pferd?

Da bei der Treppe aufwärts und abwärts geklettert wird, sind Pferde, die Erkrankungen an den Gliedmaßen haben, einer erhöhten Belastung ausgesetzt. Hier müsst ihr genau beobachten, ob die Belastung für euer Pferd zu groß ist. Gerade der Abstieg nach vorne über die mittlere Stufe ist dann für Pferde mit Hufrollen- oder Sehnenproblemen nicht zu empfehlen. Auch Pferde, die im Rückenbereich nicht mehr so elastisch sind, sind ganz langsam an die Übungen heranzuführen. Mein Cisco hat die Treppenübung immer sehr gerne gemacht, aber in höherem Alter habe ich gemerkt, dass sie ihm zunehmend schwerer gefallen ist. Gerade beim Abstieg ist das dann zu sehen, weil der Schwung und auch der Aufprall beim Abstieg von den meisten alten Pferden nicht mehr so gut abgefedert werden kann. Er hätte es noch gemacht, aber das muss dann nicht sein. Kleine Stufen überwindet er immer noch und auch die Podestarbeit liebt er mit 30 nach wie vor sehr, wenn auch nur noch mit den Vorderbeinen.

Welche Herausforderung gibt es für das Pferd?

Wie beim Podest muss euer Pferd auch bei der Treppe die Höhe und Breite der einzelnen Teile einschätzen. Wenn es bereits die Arbeit am Podest oder Palettenpodest kennt, wird ihm das seitliche Überqueren der Treppe in den verschiedenen Höhen nicht schwerfallen. Beim Überqueren der Treppe muss euer Pferd die einzelnen Stufen einschätzen und seine Vorder- und Hinterbeine koordinieren lernen. Das ist gar nicht so einfach, da es auch noch Höhenunterschiede überwinden muss. Um jederzeit anzuhalten, muss es noch dazu seinen Körperschwerpunkt unter Kontrolle bringen, sonst geht es die Stufen runter gleich schneller mit dem Schwung von hinten. Es ist also ein durchaus anspruchsvolles Hindernis, das die Geschicklichkeit fördert.

Welche Anforderungen stellt die Übung an den Menschen?

Bei dieser Übung ist, wie auch bei allen Überquerungshindernissen, genaues Führen wichtig. Dabei solltet ihr euer Pferd anleiten und nicht am Strick ziehen. Je besser ihr das präzise Führen ohne Hindernis bereits geübt habt, desto leichter klappt es auch auf oder am Hindernis. Dabei müsst ihr euer Pferd vorausschauend führen und auf das Tempo achten sowie die Hilfen rechtzeitig geben, damit es auch genug Zeit hat, darauf zu reagieren.

Wie wird die Übung trainiert?

Bei diesem Hindernis ist es wichtig, dass ihr euer Pferd ganz sicher geradeaus führen könnt, ohne es am Strick zu ziehen. Bevor ihr die lange Treppe in Angriff nehmt, könnt ihr die ersten Versuche mit der seitlichen Überquerung machen. Dabei lasst ihr euer Pferd neben euch über die kleine Palette gehen. Das ist für den Start sehr gut geeignet, da ihr noch neben dem Hindernis geht und das Pferd bereits auf die kleine Palette aufsteigt, wobei die nächsthöhere Stufe eine kleine seitliche Begrenzung bildet. Etwas anspruchsvoller ist dann die Version, bei der ihr auf der zweiten Stufe und euer Pferd auf der ersten Stufe geht. Dabei kann es ein wenig leichter mit der Schulter ausweichen und von der kleinen Stufe seitlich absteigen, wenn ihr es nicht ganz gerade haltet. Dabei hilft es, wenn ihr euer Pferd nach dem Überqueren anhaltet und es lobt. Es ist wichtig, dass es beim Anhalten wieder ganz gerade bleibt und nicht mit der Hinterhand ausweicht. Da unterscheidet sich das Training nicht viel vom Palettenpodesttraining.

Je höher die zu überquerende Stufe ist, desto mehr Schwung hat euer Pferd beim Absteigen und so kann es durchaus sein, dass sich der Bremsweg verlängert. Das gerade Anhalten ist jetzt wichtiger als ein sofortiges nahes Anhalten nach dem Absteigen. Das kommt mit etwas Übung ganz von selber, weil euer Pferd schon darauf wartet und sich dadurch besser ausbalanciert. Auch die zweite und sogar die dritte Stufe könnt ihr so überqueren. Wie beim Podesttraining könnt ihr nun das Pferd mit den Vorder- oder auch mit den Hinterbeinen auf der Stufe anhalten lassen. Natürlich dann auch mal mit allen vieren darauf.

Durch das Anhalten beim Quer-Darübergehen hat euer Pferd nun schon gelernt, wie es sich am besten ausbalanciert und überlegt ein Hindernis überquert. Jetzt könnt ihr euch auch an der ganzen Treppe längs versuchen. Dafür führt ihr euer Pferd wieder sehr gerade an die Stufen heran und lasst es in einem gleichmäßigen Tempo aufsteigen. Das klappt in den meisten Fällen sofort sehr gut. Nun muss euer Pferd aber die Stufen auf

Friese Shay bewältigt die Treppe schon selbstständig am langen Führseil.

1

Auch beim Abstieg ist er sehr vorsichtig und überlegt.

2

der anderen Seite auch wieder herabsteigen und dabei werden die meisten Pferde erst mal schneller. Um das zu vermeiden, könnt ihr euer Pferd auf dem höchsten Punkt kurz anhalten, es loben und eventuell auch belohnen. Erst dann geht ihr mit eurem Pferd weiter und konzentriert euch darauf, dass es auch beim Abstieg gerade bleibt und nicht über die Schulter ausweicht. Es hilft dabei, wenn ihr bereits beim Herabgehen den weiteren Weg gerade im Auge habt oder euch auf einen Punkt ausrichtet. So ist eure Körpersprache automatisch genauer für euer Pferd. Als kleine Hilfe könnt ihr euch eine Pylone in gerader Linie vor und hinter die Treppe stellen, die euch den korrekten Weg vorgibt. Das ist zwar nur eine kleine Sichthilfe, die aber einen sehr großen Einfluss haben kann. Euer Pferd wird bei den ersten Versuchen vielleicht mit der Hinterhand mal ungeschickt sein, aber das ist nicht schlimm.

Die Pferde konzentrieren sich bei solchen Übungen ganz gerne komplett auf die Vorhand und vergessen total, dass die Hinterbeine auch noch mitkommen und vor allem einen Höhenunterschied überwinden müssen. Mit zunehmender Übung lernen sie aber wieder, dass sie tatsächlich vier Beine haben, die zusammengehören. Sobald ihr nun den Eindruck habt, dass euer Pferd sich gut koordinieren kann, könnt ihr es an jeder beliebigen Stelle der Treppe anhalten und nach einer kleinen Lobpause wieder weitergehen lassen.

Wie könnt ihr die Übung weiter ausbauen?

Durch das seitliche Überqueren hat euer Pferd bereits gelernt, dass es auch mit allen vieren auf dem Hindernis stehen kann. Das könnt ihr nun sozusagen mit einbauen, euer Pferd aus dieser Position eine Vierteldrehung machen lassen und längs über die Treppe wieder absteigen. Dabei achtet ihr darauf, dass euer Pferd diese kleine Wendung ruhig ausführt und wenn es danebentreten sollte, den Huf auf Anweisung oder alleine

Eine Wendung auf der höchsten Stufe erfordert schon einiges an Geschick.

wieder auf sicheren Untergrund abstellt. Eine andere Möglichkeit ist es, das Pferd längs über die Treppe zu führen und es an beliebiger Stelle anzuhalten. Die Vierteldrehung verhilft nun zum seitlichen Abstieg von der Treppe. Durch diese Übung wird euer Pferd immer sicherer und präziser in seinen Bewegungen werden und das trifft auch für euch zu. Ihr werdet bald merken, dass es euch immer leichter fällt, euer Pferd ganz präzise zu lenken und zu positionieren.

Diese Übung lässt sich noch ausbauen, indem ihr nun auch einmal eine halbe Drehung oder später sogar eine ganze Drehung zuerst auf der zweiten, später auch ganz oben auf der dritten Stufe probiert. Beim Ausführen der Drehung hilft es euch beiden, wenn ihr euch immer auf einen Huf nach dem anderen konzentriert und gerade am Anfang keine flüssige Drehung fordert, sondern euch die Bewegung in kleinen Schritten erarbeitet.

Die Übung unter dem Reiter

Die Treppe oder die einzelnen Palettenhindernisse sind auch eine tolle Übung beim Reiten. Dafür sollte euer Pferd die Treppe bereits an der Hand kennengelernt haben, bevor es sich mit euch auf dem Rücken ausbalancieren muss. Auch unter dem Sattel ist der erste Schritt ein Überqueren der Brücke und ein anschließendes Anhalten. Dabei solltet ihr darauf achten, dass euer Pferd gerade bleibt und nicht seitlich absteigt. Wundert euch nicht, wenn die Treppenstufen aus der Sicht von oben plötzlich sehr viel höher erscheinen als von unten. Euer Pferd hat das Hindernis bereits gut bewältigt und ihr solltet es zwar anleiten, aber so wenig wie möglich beim Überwinden stören. Beim Abstieg muss euer Pferd nun nicht nur seinen eigenen Körper ausbalancieren, sondern auch noch den Reiter. Dieser Doppelpack verhilft oft zu einigem Schwung von hinten und darum achtet beim Abstieg darauf, dass euer Pferd nicht zu schnell wird.

Mit dem leichten und geraden Anhalten danach und dem Zurückverlegen des Anhaltepunktes, das ihr ja schon aus der Arbeit an der Hand kennt und geübt habt, helft ihr dabei gut mit. In der Erwartung, dass ein Anhalten kommt, beginnt euer Pferd bald von selber, sich mehr auf die Hinterhand zu setzen und ist jederzeit anhaltebereit. Die Treppe geht dann schon ein wenig in Richtung Extreme Trail, wenn ihr sie der Länge nach überquert.
So bieten die einzelnen Übungen Hilfestellung in verschiedenen Disziplinen und fördern auch allgemein die Geschicklichkeit. Seitlich könnt ihr euch mit den einzelnen Treppenteilen auch an die Podestarbeit unter dem Reiter herantasten. Dabei hilft es sehr, dass ihr von niedrig-langsam an die höhere Version herangehen könnt und ihr beide genug Zeit habt, euch daran zu gewöhnen. Wenn das Umdrehen auf den einzelnen Stufen oder sogar das komplette Drehen bereits vom Boden aus gut klappt, dann könnt ihr es auch unterm Sattel versuchen, aber lasst euch Zeit bei der Übung und führt sie Schritt für Schritt aus.

1

Treppen findet man oft im Trailparcours.

2

Nach der Übung auf der Palettentreppe ist auch die engere Version unter dem Reiter kein Problem mehr.

25

Das **Podest**

Im Kurs ist das Podest meistens meine Einstiegsübung. Gerade wenn die Besitzer bereits Pferde gesehen haben, die problemlos aufs Podest klettern, können sie sich oft nicht vorstellen, welche Schwierigkeit diese Übung darstellen kann. Je größer die Fläche des Podestes ist, desto leichter fällt es einem Pferd, dieses einzuschätzen und somit auch aufzusteigen.

Die meisten Pferde lieben das Podest und wenn ihr euch ein Hindernis bauen wollt, dann fangt am besten mit dem Podest an. Es ist ein vielseitig nutzbares Hindernis und die Pferde werden gleich so viel selbstbewusster und motivierter.

Wie soll die Übung aussehen?

Das Pferd geht auf das Podest zu, setzt ein Vorderbein darauf, stemmt sich dann mit dem zweiten Bein hoch und stellt es neben dem anderen Bein ab. Im weiteren Verlauf könnt ihr noch weitere Übungen mit einbauen wie ein Herumgehen mit der Hinterhand, den Spanischen Gruß oder auch das Plié. Der nächste Schwierigkeitsgrad ist dann das Aufsteigen mit allen vier Beinen, was schon einen hohen Anspruch an die Balance stellt.

Welches Zubehör braucht ihr dazu?

Es gibt verschiedene Möglichkeiten, sich ein Podest selber zu bauen. Man kann es natürlich auch fertig kaufen. Für den Einstieg eignet sich ein aus Paletten gebasteltes Podest sehr gut. Dafür nimmt man zwei Europaletten, die man übereinanderlegt und miteinander verbindet. Damit das Pferd auch sicher darauf stehen kann, ist es dringend notwendig, die Oberfläche mit Brettern zu verstärken. Darauf kommt für die Rutschfestigkeit eine Gummimatte oder auch ein Teppich. Durch die Größe und Schwere der Paletten steht es sehr stabil und ist auch weitgehend

Das Podest lässt sich gut mit anderen Übungen wie dem Apportieren kombinieren.

Das Palettenpodest kann man verstärkt in verschiedenen Höhen verwenden.

kippsicher. Trotzdem solltet ihr darauf achten, dass die Pferde nicht zu nah am Rand aufsteigen. Für kleinere Pferde gibt es auch noch halbe Europaletten, die man genauso nehmen kann. Da diese aber leichter sind, sind sie nicht so kippsicher wie die größere Version. Daher müsst ihr noch besser darauf achten, dass das Pferd mittig aufsteigt.

Sehr standfest sind trapezförmige Podeste, die man teils fertig kaufen oder mit etwas Geschick auch selber bauen kann. Natürlich gibt es auch noch die klassischen Zirkuspodeste aus Metall, die rund und auch sehr standfest sind. Für ein kleines rundes Podest könnt ihr auch einen größeren Autoreifen verwenden, den ihr aber bei Pferden über Shettygröße am besten innen noch mit Verstrebungen aus Holz verstärkt, bevor ihr eine runde, dicke Platte darauf befestigt.

Wo liegen die Belastungen für das Pferd?

Die körperlichen Belastungen könnt ihr beim Podest auch gut anpassen, indem ihr bei Pferden mit leichten Beeinträchtigungen nur die flache Version verwendet. Ebenso solltet ihr Pferde, die Rückenprobleme haben, nicht nach vorne absteigen lassen, damit sie den Rücken nicht durchdrücken. Das Aufsteigen und Rückwärts-Absteigen ist für alle Pferde eine Übung mit gymnastizierendem Effekt. Bei akuten Problemen an den Gliedmaßen solltet ihr das Podest nicht verwenden, da das Auf- und Absteigen eine zusätzliche Belastung darstellt.

Welche Herausforderung gibt es für das Pferd?

Das Podest wird für die meisten Pferde schnell zu einer Lieblingsübung und man vergisst dann schnell, wie schwierig der Anfang oft war. Euer Pferd muss sich, um auf das Podest zu kommen, mit dem Brustkorb heben, mit der Schulter hoch ausgreifen und sich dann aktiv hochstemmen. Das ist gar keine leichte Aufgabe. Zudem muss es noch lernen, ein Hindernis einzuschätzen und die Höhe und Breite bereits beim Hingehen abzuschätzen.

Welche Anforderungen stellt die Übung an den Menschen?

Beim Podest ist, je nach Modell, ein gutes Timing gefragt und das gerade Führen und Anhalten. Das setzt voraus, dass diese Sachen bereits ohne Hindernis gut klappen. Für die anfängliche Hilfestellung braucht ihr etwas Geschick und auch Kraft, um eurem Pferd auf dieses große Hindernis zu helfen.

Wie wird die Übung trainiert?

Wie kommt aber nun das Pferd aufs Podest? Ihr könnt euer Pferd einfach mal hinführen und es dieses seltsame Teil mit der Nase ertasten lassen. Für die besonders ängstlichen Vierbeiner empfiehlt es sich, eine kleine Leckerlispur aufs Podest zu legen und ihm so den ersten Schrecken zu nehmen. Solltet ihr nun einen sehr selbstbewussten, neugierigen Vierbeiner haben, dann könnt ihr auch abwarten, was er mit dem neuen Ding anstellt. Viele Pferde versuchen dann schon selber, auf das Podest zu klettern, was bei den meisten mit der Methode Versuch und Irrtum beginnt. Ihr könnt dabei mithelfen, indem ihr die Versuche in die richtige Richtung ganz viel lobt.

Allerdings kommt es dabei nicht so selten vor, dass der Vierbeiner auch mal danebentritt oder abstürzt. Den Draufgängern macht das aber nichts aus und sie probieren mit leichter Unterstützung munter weiter bis zum Erfolg. Habt ihr aber ein nicht ganz so abenteuerlustiges Pferd, dann ist es besser, ihm gerade am Anfang eine umfangreichere Hilfestellung anzubieten, damit es möglichst keine Missgeschicke erlebt und nicht entmutigt wird. Wenn ihr nun das Pferd einfach zum Podest hinführt und erwartet, dass es aufsteigt, wird es einfach um das Podest herumgehen. Schließlich steht ihm da ein Hindernis im Weg. Einige Pferde bleiben auch einfach vor dem Podest ziemlich ratlos stehen. Etwas einfacher einzuschätzen als das quadratische oder runde »richtige« Podest ist das Palettenpodest. Da es wesentlich größer ist, fällt es dem Pferd leichter, die genauen Kanten zu erkennen, und viele Pferde steigen beim Hinführen gleich hinauf, wenn es nicht zu hoch ist. Daher ist es auch eine gute Vorübung für das kleinere Podest. Pferde können genau vor ihnen liegende Dinge nicht mehr scharf sehen und somit fällt es ihnen schwer, die Höhe und Breite des Podestes einzuschätzen, wenn sie direkt davor stehen. Beim Palettenpodest liegt der Endpunkt weiter entfernt und ist für das Pferd daher besser zu sehen. Das »richtige« Podest dagegen liegt komplett im unscharfen Bereich und der Abschnitt dahinter wird besser wahrgenommen, was dem Pferd aber nicht weiterhilft.

Das Pferd muss erst mit der Zeit lernen, dass es das Podest bereits beim Darauf-Zugehen einschätzen und das Hindernis auch ertasten muss. Das ist eine Fähigkeit, die es im Laufe der Zeit entwickeln wird. Manche lernen es sehr schnell und andere brauchen immer mal wieder Hilfestellung.

Um nun mit einem Bein auf das Podest zu kommen, muss sich das Pferd schön aus dem Brustkorb heben. Bereits das ist schon eine sehr anspruchsvolle Bewegung, vor allem wenn das Pferd nicht ganz optimal bemuskelt ist. Die Vorgehensweise unterscheidet sich ein wenig je nach Podesttyp, den ihr zur Verfügung habt. Wie schon erwähnt, ist das Palettenpodest für das Pferd leichter einzuschätzen und leichter zu erklimmen. Nachdem sich euer Pferd das neue Spielzeug gut angeschaut hat und vielleicht auch mal ein Stückchen Futter von der Oberfläche verspeist hat, wird es Zeit, den Aufstieg zu versuchen. Dafür geht ihr mit dem Pferd neben euch einfach auf das Podest zu, als würdet ihr darüber gehen wollen. Wenn euer Pferd mit den Vorderbeinen auf dem Podest ist, gebt ihr ihm das Stoppsignal und schon steht es drauf. Der Vorteil ist, dass euer Pferd den Schwung, den es vom Gehen mitbringt, für den Aufstieg nutzen kann und so weniger Muskelkraft braucht. Beim Palettenpodest funktioniert das bei den meisten Pferden auf Anhieb schon gut.

Die höhere Variante ist ein wenig anspruchsvoller, weil es dafür natürlich das Bein schon wesentlich mehr aus der Schulter anheben muss. Da kann es schon mal sein, dass ihr mehr Hilfestellung geben müsst, wie ich es jetzt beim »richtigen« Podest beschreibe. Bei der kleineren Oberfläche brauchen die meisten Pferde am Anfang eine etwas umfangreichere Hilfestellung. Dabei ist es auch sehr hilfreich, wenn ihr euch noch ein bis zwei Helfer organisieren könnt. Wenn euer Pferd bereits das Palettenpodest kennt, kann es durchaus sein, dass es von sich aus schon ein Bein auf das Podest stellt, wenn ihr es davor aufstellt. Meistens ist es aber so, dass das Pferd leicht ratlos davorsteht. Jetzt liegt es bei euch, ihm auf die Sprünge zu helfen. Ein Helfer sollte nun das Pferd locker am Strick halten und dabei hinter dem Podest stehen, genau gegenüber

1

Das erste Bein wird platziert.

2

Dann wird das Pferd nach vorne-oben gelockt.

3

Auch für das zweite Bein braucht es am Anfang noch ein wenig »Platzierungshilfe«.

4

Bei den ersten Malen trauen sich die Pferde oft noch nicht, mit den Hinterbeinen nachzutreten, aber rasch werden sie lockerer.

vom Pferd. Als zusätzliche Motivation kommt noch eine Karotte oder Ähnliches dazu, die der Helfer vor dem Pferd nicht sichtbar bereithält. Der zweite Helfer nimmt das Bein des Pferdes auf und zieht es nach vorne, um es auf dem Podest abzustellen. Dabei sollte das Bein leicht gestreckt sein und der Huf vollständig darauf stehen. Vergesst nicht, das Pferd jetzt schon zu loben, damit es weiß, dass es seinen Huf stehen lassen soll. Sollte es den Huf wegziehen, dann stellt ihn einfach ruhig wieder drauf und versucht genau in dem Moment zu loben und zu belohnen, wenn der Huf ruhig steht, auch wenn das nur ein ganz kurzer Moment ist. Dem Wegziehen solltet ihr dabei zuvorkommen und euer Pferd durch einen Rückwärtsimpuls auffordern, das Bein herunterzunehmen, bevor es das von alleine tut. So begreift es schneller, dass das ruhige Darauf-Stehenlassen die gewünschte Reaktion ist. Nach einigen Wiederholungen wird der Vierbeiner so begreifen, wofür es das Lob gibt und den Huf stehen lassen.

Der Helfer bleibt seitlich neben dem Pferd stehen, oft hilft es auch, wenn er den Huf leicht an der Fesselbeuge festhält. Damit das Pferd sich hochstemmt, lockt ihr es mit der Karotte nach vorne-oben. Wenn ihr noch einen weiteren Helfer im Team habt, dann stellt sich dieser auf die andere

Neugierige Pferde probieren die niedrigen Podeste oft selber aus.

Mit ein wenig Anleitung steht Sammy dann schnell auf dem kleinen Reifenpodest.

Seite des Pferdes, klopft leicht ans stehende Bein, um es dazu zu veranlassen, dieses auch hochzuheben. Sobald es das tut, nimmt der Helfer das Bein und führt es neben das andere auf das Podest. Das ist ganz wichtig, denn die meisten Pferde kommen erst mal nicht auf die Idee, das zweite Bein neben das andere zu setzen. Sie finden einfach keinen Boden, worauf sie dann gleich wieder runtergehen, weil diese Phase sehr anstrengend ist. Das könnt ihr durch die Hilfestellung verhindern und so gleich ein Erfolgserlebnis vermitteln. Habt ihr keinen zweiten Helfer zur Hand, dann kann derjenige, der den Huf aufs Podest gestellt hat, auch auf die andere Seite wechseln. Nach einigen Wiederholungen mit immer weniger Hilfestellung schafft euer Pferd es sicher ganz alleine aufs Podest. Natürlich bekommt es oben seine Belohnung, aber lasst es auch die Aussicht genießen. Das Podest ist eine sich selbst belohnende Übung, denn Pferde finden es unglaublich toll, einen erhöhten Aussichtspunkt und Überblick zu haben, was ihr auch ganz deutlich an ihrem Ausdruck sehen könnt. Es wird nicht lange dauern und euer Pferd marschiert auf das Podest zu und steigt selbstständig auf. Dazu führt ihr euer Pferd zum Podest hin und bringt es in die Position zum Aufsteigen. Achtet darauf, dass es nicht versucht, um das Podest herumzugehen. Das wäre schließlich die naheliegendste Lösung, um dem Hindernis aus dem Weg zu gehen. Ihr steht dabei wie vorher auch auf der anderen Seite des Podests und fordert euer Pferd dann sachte auf, zu euch zu kommen. Dabei gebt ihr mit dem Strick einen kleinen Vorwärts-Aufwärts-Impuls. Euer Pferd braucht dabei auch etwas Zeit zum Überlegen, also seid dabei nicht zu forsch und lasst ihm die Zeit.

Sollte es gar nicht auf die Idee kommen, das erste Bein selber draufzustellen, könnt ihr noch ein paarmal Hilfestellung von vorne geben, aber meist ist das nicht nötig. Beim allerersten selbstständigen Versuch kann es auch noch sein, dass euer Vierbeiner etwas ungestüm ist, weil er einfach zu eifrig wird. Achtet dann einfach darauf, dass der erste Huf auch gut auf dem Podest steht, bevor das Pferd den Aufstiegsversuch startet. Zum Abstieg veranlasst ihr euer Pferd sachte dazu, sich rückwärts zu bewegen. Ein leichter Impuls mit der Hand an der Brust funktioniert meistens sehr gut, aber lasst eurem Pferd auch genug Zeit sowie einige zaghafte Versuche. Am Strick zu ziehen führt häufig dazu, dass das Pferd den Hals schief hält und dann seitlich vom Podest springt. Wenn ihr also einen kleinen Impuls am Strick gebt, müsst ihr darauf achten, dass der Kopf/Hals dabei gerade bleibt. Es muss sich schließlich auch den Weg abwärts erst ertasten und weiß gerade bei den ersten Versuchen noch nicht, wie weit es denn nun abwärts geht. Viele Pferde lieben den erhöhten Ausblick auf dem

Podest so sehr, dass sie gar nicht mehr runter wollen. Dann gibt es die Belohnung für das, was dem Pferd schwerer fällt, nämlich das Absteigen. Beim niedrigeren Palettenpodest könnte ihr den Abstieg auch nach vorne machen, aber achtet dabei darauf, dass das Pferd sich danach leicht anhalten lässt.

Wie könnt ihr die Übung weiter ausbauen?

Jetzt klappt das Auf- und Absteigen schon sehr gut? Dann könnt ihr auch noch ein wenig Abwechslung ins Training bringen. Ihr könnt euer Pferd mit der Hinterhand ums Podest treten lassen. Dabei fängt man natürlich erst klein an und begnügt sich am Anfang mit einer Ecke, bevor als Endziel euer Pferd mit der Hinterhand das ganze Podest umrunden kann. Bei dieser Übung soll es lernen, das Podest mit den Vorderhufen zu ertasten. Achtet dabei ein wenig darauf, dass es nicht hektisch wird und sich genug auf die Abmessungen des Podests konzentriert. Als kleinen Nebeneffekt lernt euer Pferd dabei, dass es nicht schlimm ist, wenn es mal danebentritt. Es kann sich einfach wieder ausbalancieren und den Huf erneut auf das Podest stellen.

Das klingt nun einfach, aber ist schon eine tolle Leistung, denn der erste Impuls, wenn euer Pferd den festen Stand verliert, wäre, dass es herunterspringt. So lernt es aber seine Balance wieder zu suchen und nicht hektisch, sondern ruhig zu

1

Feivel nimmt die Hinterbeine immer näher ans Podest und versucht schließlich auch ein Bein abzustellen.

2

Das Nachziehen des anderen Hinterbeins führt oft zum Nach-vorne-Kippen – das Ausbalancieren erfordert Übung und Koordination.

3

Die Belohnung hilft auch beim Balancefinden und -halten.

Mit allen vieren auf dem Mini-Reifenpodest. Für den Andalusier Fado ist es schon recht klein.

reagieren. Sollte es dann im Gelände auf einem schmalen Weg oder einer Brücke mal danebentreten, hat es gelernt, sich ruhig wieder in die Balance zu bringen und nicht hektisch wegzuspringen. Auch der Spanische Gruß oder sogar das Plié lassen sich auf dem Podest abrufen, wenn das Pferd diese Lektionen bereits gelernt hat. Außerdem lässt sich die Podestübung auch sehr gut mit Tricks wie dem Apportieren, Neinsagen oder Lachen kombinieren.

VIDEO

Weiter geht's: Dieser Clip zeigt euch die Übung für Fortgeschrittene.

Das richtige Podest mit vier Beinen zu erklimmen, wird nicht jedes Pferd erlernen, denn es gehört schon etwas Geschick dazu. Einfacher ist da das Palettenpodest und gerade die zweite Palettenvariante ist für fast jedes Pferd zu schaffen. Die Vorgehensweise unterscheidet sich bei den zwei Podestversionen. Beim Palettenpodest startet ihr damit, dass ihr euer Pferd über das Podest drüberführt. Dabei soll es schön gerade, wie auf einer Brücke, über die lange Seite des Podestes gehen. Da euer Pferd das Podest bereits kennt und gerne mit den Vorderbeinen oben stehen bleiben will, hilft es, wenn ihr flott und bestimmt darauf zugeht und euch richtig auf das »hinter

Dasselbe Podest mit Shetty Cloud wirkt viel größer. Er kombiniert die Lektion mit dem Spanischen Gruß.

dem Podest ankommen« konzentriert. Probiert bei den ersten Versuchen überhaupt nicht auf dem Palettenpodest anzuhalten, sondern bleibt erst dahinter stehen und zwar möglichst so, dass sich euer Pferd nicht wegdreht, sondern wirklich gerade stehen bleibt. Wenn ihr das einige Male gemacht habt, wird es bereits auf das Anhalten warten und immer schneller reagieren. Das gibt euch nun die Möglichkeit, den Anhaltepunkt immer mehr auf das Podest zurückzuverlagern, ohne dass ihr stark auf euer Pferd einwirken müsst. Der richtige Zeitpunkt für das Anhaltesignal auf dem Podest ist, wenn das Pferd mit drei Beinen draufsteht und das vierte Bein gerade den Boden verlässt.

Hier ist nun Timing gefragt, denn etwas zu früh eingesetzt, tritt das Pferd wieder herunter, zu spät eingesetzt, hat es schon zu viel Schwung und steigt vorne vom Podest. Sollte das passieren, dürft ihr natürlich nicht strafen oder grob anhalten, sondern schaut einfach, wann es leicht geht und lobt für das Stehenbleiben. Ein kleiner Trick kann noch beim Oben-Bleiben helfen. In dem Moment, wenn euer Pferd das vierte Bein nachzieht, reicht ihr ihm ein Leckerli. Ihr könnt damit gleichzeitig ein wenig am Maul hochstützen. Dieser kleine Schubs reicht meistens schon aus, damit sich euer Pferd wieder etwas mehr nach hinten ausbalanciert und mit allen vieren oben bleibt. Der nächste Schwierigkeitsgrad ist dann, das Palettenpodest von der breiten Seite her in Angriff zu nehmen. Somit hat euer Pferd weniger Platz für seine Hufe und muss sich noch mehr ausbalancieren. Wenn es aber die Vorgehensweise auf der breiten Seite schon gut abgespeichert hat, dann wird es auch schnell verstehen, wie es sich am geschicktesten platzieren muss.

Eine größere Herausforderung stellt nun das »richtige« Podest dar, vor allem wenn es die höhere Version ist. Das Darüberführen ist hier zwar auch eine Möglichkeit, aber gerade beim hohen Podest nicht zu empfehlen, da die Pferde doch öfter Fehlversuche haben und sich dann leicht mal vertreten können. Euer Pferd geht also schon sehr gut und selbstständig auf das Podest und bleibt auch stabil oben stehen und fühlt sich dort wohl. Das Ziel ist nun, dass es mit den Hinterbeinen immer näher an das Podest herantritt. Ihr könnt dazu ein Hinterbein touchieren, wenn euer Pferd das schon kennt. Wichtig ist, dass ihr jede Bewegung mehr in Richtung Podest sofort lobt, auch wenn es nicht viel ist.

Euer Pferd muss erst mal begreifen, was ihr überhaupt von ihm wollt und dazu müsst ihr jeden Ansatz in die richtige Richtung loben und eventuell auch belohnen. Bei manchen Pferden funktioniert es auch, wenn ihr einfach auf das Bein zeigt und einen leichten Vorwärtsimpuls gebt, aber achtet darauf, dass es nicht nach vorne absteigen will. Ein, zwei kleine Schrittchen reichen für den Anfang – erwartet nicht

Beim Aufstieg mit Reiter muss man auf die gute Platzierung des ersten Beins achten.

Für das Pferd ist das schon eine anstrengende Übung.

zu viel. Diese Übung baut man am besten über viele kleine Einheiten auf und nimmt sich dafür Zeit. Irgendwann geht es dann nicht weiter, weil die Hinterhufe bereits am Podest anstoßen. Wenn ihr jetzt das schon bekannte Kommando zum Beinevorsetzen gebt, muss euer Pferd erst mal überlegen. Schließlich geht es nicht weiter nach vorne. Es wird aber bald versuchen, das Bein trotzdem nach vorne zu setzen und an der Podestwand hochgehen.

Bei den ersten Versuchen reicht es meist noch nicht bis rauf, aber das macht nichts. Ihr belohnt den Ansatz dazu. Schon bald wird es mit der Hufspitze oben hängen bleiben und das lobt ihr ganz gewaltig. Im nächsten Schritt probiert es sich hochzustemmen. Dafür braucht es einige Versuche, bis euer Pferd das erste Mal mit dem vierten Bein die Podestoberfläche trifft. Erinnert ihr euch an das Palettenpodest? Genau wie dabei helfen auch jetzt das Leckerli und die Stütze am Maul, die ihr dem Pferd gebt, damit es sich nach hinten stabilisiert. Bei den ersten Versuchen wird es wahrscheinlich nach hinten wieder absteigen. Das ist nicht schlimm, die meisten Pferde brauchen ein Weilchen, bis sie die Balance finden. Lasst euch Zeit bei dieser Übung, euer Pferd wird seinen eigenen Weg und die Balance finden.
Mit allen vieren auf dem hohen Podest ist eine anstrengende Übung und eine tolle Leistung von eurem Pferd.

Die Übung unter dem Reiter

Bevor ihr versucht, zusammen mit eurem Pferd das Podest zu erklimmen, sollte es ohne Reiter absolut sicher alleine aufsteigen können. Für die ersten Versuche empfiehlt es sich, einen Helfer dabei zu haben. Dieser kann einem unsicheren Pferd zusätzliche Hilfe anbieten oder aufpassen, dass es den ersten Huf auch wirklich gut auf dem Podest platziert. Das ist von oben schwer zu erkennen und bei den ersten Versuchen beeilen sich die Pferde oftmals, weil sie unsicher sind und passen dann nicht so gut auf. Je nachdem,

3

Idealerweise trägt das Pferd einen Halsring, auch zusätzlich zur eventuellen Zäumung, damit man sich ein wenig festhalten kann auf dem sehr abschüssigen Rücken.

wie sicher ihr und euer Pferd seid, könnt ihr entscheiden, ob der Helfer das Pferd am Strick nimmt oder nur von unten beobachtet. Beim Anreiten achtet ihr darauf, dass ihr gerade und bestimmt auf das Podest zureitet. Wenn ihr nicht klar die Richtung vorgebt, wird euer Pferd wahrscheinlich außenrum gehen.

Sobald es ein Bein auf das Podest setzt, müsst ihr ein wenig gegen den Impuls angehen, euch nach vorne zu lehnen. Ganz klar möchte man sehen, wo der Vierbeiner unter einem seine Hufe hinsetzt, aber ihr würdet beim Vorlehnen die Vorhand belasten und diese soll schließlich hochgestemmt werden. Und schon seid ihr oben. Auf dem hohen Podest wird das ganz schön abschüssig, aber versucht trotzdem, gerade sitzen zu bleiben. Mit allen vieren drauf plus Reiter? Ja, das geht auch, aber nur, wenn euer Pferd schon sehr sicher in der Übung ist und das Podest nicht allzu klein ist. Eine ideale Lektion für das Palettenpodest, denn da könnt ihr gut niedrig anfangen und euch in der Höhe steigern.

26

Vorderbeinbrett und Vorderbeinwippe

Diese beiden Übungen bauen aufeinander auf. Es ist für die meisten Pferde leichter, wenn man zuerst das Vorderbeinbrett übt und das Pferd sozusagen bereits gelernt hat, die Hufe gezielt auf das Brett zu setzen, bevor man sich an die Wippe macht.

Wie soll die Übung aussehen?

Beim Vorderbeinbrett soll euer Pferd auf Kommando beide Vorderbeine auf dem Brett platzieren. Das könnt ihr entweder lediglich als Vorübung für die kleine Wippe nehmen oder auch als eigenständige Übung, die ihr noch weiter ausbauen könnt. Hierbei könnt ihr euer Pferd so trainieren, dass es auch aus der Entfernung abrufbar ist und die Hufe punktgenau platziert. Bei der normalen Vorderbeinwippe soll euer Pferd mit beiden Vorderbeinen auf der Wippe stehen und nicht stark hin- und herwippen, sondern die

Feivel kann das Aufsteigen und Balancehalten schon alleine. Er liebt diese Übung.

Balance halten. Das hat einen ähnlichen Effekt wie das Balanceboard für Menschen und ihr könnt die kleine Wippe auch mal selber ausprobieren. Dann merkt ihr gleich, welche Herausforderung diese für euer Pferd darstellt. Die Kufenwippe ermöglicht dagegen eine sehr viel sanftere Wippbewegung und somit soll euer Pferd auf dieser ganz sachte wippen und die Schultern lockern, aber auch der Rest des Körpers wird dabei beansprucht.

Welches Zubehör braucht ihr dazu?

Für das Wippentraining braucht ihr natürlich eine Wippe und dafür ist ein wenig handwerkliches Geschick erforderlich. Wenn ihr nur das Brett bauen wollt, dann ist das recht einfach. Hier hat sich eine Länge von 60 bis 80 Zentimetern und ein Breite von 30 bis 40 Zentimetern bewährt, wie auch bei der Wippe. Ihr könnt das Brett noch mit einem alten Teppich oder einer Gummiauflage beziehen, aber auch ein unbehandeltes Brett ist relativ rutschfest. Praktischerweise braucht ihr nicht zusätzlich noch ein Brett zu bauen, wenn ihr die Wippe auch wollt. Zum Üben könnt ihr die Wippe einfach umdrehen und schon habt ihr das Brett, wenn auch mit einem kleinen Mittelteil. Für die Wippe benötigt ihr ein kleines Rundholz mit circa acht bis zehn Zentimetern Durchmesser, das so breit ist wie euer Auflagebrett. Beim Brett für die Wippe müsst ihr etwas mehr auf die Stabilität achten als beim normalen Brett, das auf dem Boden aufliegt. Falls ihr noch eine alte Bierbank daheim habt, könnt ihr diese gut für eine kleine Wippe verwenden. Einfach mal passend zuschneiden und zwei Bretter übereinander befestigen mit dem Rundholz in der Mitte darunter und schon ist die kleine Wippe fast fertig. Fast, weil eine Bierbank immer lackiert ist und das ist für Pferdehufe doch ziemlich rutschig. Ein Teppich oder eine Gummimatte müssen noch oben drauf. Ich habe für meine Wippe ein Stück Plastikkunstrasen verwendet, was sich aber als nicht ganz ideal herausgestellt hat. Anscheinend schaut das Teil doch wirklich sehr echt aus und nicht nur ein Pferd wollte gleich mal ein Stückchen davon abbeißen. Die Kufenwippe ist schon anspruchsvoller in der Herstellung. Die Auflage ist auch hier ein gerades Brett, aber die Seitenteile sind halbrund, mittig und seitlich müssen noch Verstärkungen angebracht werden, damit die Wippe auch stabil ist.

Wo liegen die Belastungen für das Pferd?

Bei akuten Erkrankungen an der Vorhand ist die Vorderbeinwippe nicht zu empfehlen, da dort natürlich eine vermehrte Belastung auftritt. Bei der normalen kleinen Wippe stehen die Pferde anfangs schräg und das belastet die Gelenke für kurze Zeit. Pferden mit Arthrosen in den Fessel- und Hufgelenken ist das unangenehm.

Für diese ist die Kufenwippe besser geeignet oder die unterfütterte Version der normalen Wippe. Auch alte Pferde tun sich damit oft schwer und nehmen dann dankbar die abgeschwächte Version an.

Welche Herausforderung gibt es für das Pferd?

Beim Bodenbrett muss euer Pferd lernen, dass die gewünschte Lektion darin besteht, die Hufe auf dem Brett stehen zu lassen. Dabei muss es zuerst erkennen, dass es direkt darauf parken soll, denn der erste Impuls beim Hinführen ist meistens, dass es versucht das Hindernis zu überqueren. Anspruchsvoller wird es schon mit der kleinen Wippe, die anfangs natürlich schräg steht und sich dann auch noch bewegt. Schräger und wackeliger Boden ist unsicherer Untergrund und der natürliche Impuls eures Pferdes wäre es, da möglichst schnell weg zu wollen. Für diese Übung muss es nun lernen, dass es sich bei unsicherem Untergrund erst bei euch rückversichern soll, was es zu tun hat. Dann muss es noch lernen sich mit dem ganzen Körper auszubalancieren und das Gleichgewicht zu halten. Das ist schon sehr anstrengend. Für die weitere Arbeit mit eurem Pferd ist das Training an der Wippe sehr wertvoll. Ihr könnt nämlich mit der wackeligen Wippe eine für das Pferd unsichere Situation herstellen und trainieren. Indem es dabei lernt, ruhig zu bleiben und auf euch zu hören, wird es das auch auf andere Situationen mit eventuell rutschigem oder wackeligem Boden übertragen und auch dort umsichtiger und gelassener reagieren.

Feivel hat diese Übung sehr geholfen, in solchen Situationen nicht mehr panisch zu reagieren, sondern erst mal ruhig zu werden und bei mir um Rat zu fragen. Er wurde bei matschigem oder rutschigem Untergrund immer sofort hektisch, was gerade dann natürlich fatal sein kann. Inzwischen ist die kleine Wippe sogar eine seiner Lieblingsübungen und Rutschboden gar keine große Sache mehr.

VIDEO

In diesem Clip geht's um die **Vorderbeinwippe.** Es wird viel ausprobiert, schaut rein.

Welche Anforderungen stellt die Übung an den Menschen?

Gute handwerkliche Fähigkeiten, aber dafür kann man sich auch Hilfe holen, bevor es mit dem Training losgeht. Bei dem Training der Lektion müsst ihr lernen, euer Pferd ganz gezielt zu platzieren, indem ihr sein Gewicht verschiebt. Das hört sich einfach an, ist aber gar nicht so leicht.

Wie wird die Übung trainiert?

Für den Anfang legt ihr das Bodenbrett oder die umgedrehte Wippe vor euer Pferd auf den Boden. Es sollte dabei etwa einen Hufbreit vor dem Brett stehen, dann braucht es ein wenig Hilfestellung. Ihr steht am besten seitlich neben dem Brett, nehmt ein Vorderbein hoch und stellt es auf dem Brett ab. Um das Bein auf dem Brett zu belassen, sollte euer Pferd nun Gewicht auf das Bein schieben. Das könnt ihr fördern, indem ihr seinen Kopf über dem Bein platziert. Vergesst nicht, euer Pferd zu loben, sobald es mit dem ersten Huf

Die Wippe kann auch zum Brett umfunktioniert werden. So vorzugehen, erleichtert den Anfang.

auf dem Brett ist und Gewicht aufnimmt, damit es auch weiß, dass das die richtige Bewegung ist. Leichter ist es nun mit einem Helfer, der das andere Bein hochnimmt und ebenfalls auf dem Brett platziert. Sobald es draufsteht, schiebt ihr den Kopf eures Pferdes wieder in die Mitte, damit es beide Vorderbeine gleichmäßig belastet.

Jetzt sind natürlich wieder ein Lob und eine Belohnung fällig – außer ihr habt eines dieser verfressenen Exemplare, die bei Futter zappelig werden. In dem Fall bleibt es beim Lob, da euer Pferd ruhig stehen bleiben soll. Nun hat man im Alltag aber nicht immer einen Helfer zur Hand. Dann geht es auch alleine, indem ihr nach dem Platzieren des ersten Beins vor eurem Pferd die Seite wechselt, wobei ihr aber darauf achten müsst, dass der Kopf auf der Seite des belasteten Beins bleibt. Euer Pferd wird nämlich wahrscheinlich versuchen, euch nachzuschauen oder das Gewicht auf das andere Bein nehmen. Das macht es dann doch etwas schwer den zweiten Huf vom Boden zu lösen. Jetzt könnt ihr von seitlich vorne das zweite Bein gut platzieren, sobald euer Pferd es hebt. Da das aber von vorne gar nicht so einfach vom Boden zu lösen ist, fordert ihr euer Pferd nun zu einer ganz kleinen Vorwärtsbewegung auf, fangt den Fuß ab und stellt ihn neben den anderen.

Sollte euer Pferd nun zu den ungeduldigen Vierbeinern gehören, dann kann es schon sein, dass es das erste Bein einfach wieder herunterstellt. Dann gibt es die Möglichkeit, dass ihr auf der Seite des ersten Beins bleibt, einen kleinen Vorwärtsimpuls gebt, und nur mit der Hand vor dem Vorderbein das zweite Bein abfangt, wenn es hochgehoben wird. Die Voraussetzung dafür ist, dass ihr ein Pferd habt, das sich gut anfassen und dirigieren lässt, ohne zappelig zu werden. Das Endziel ist natürlich nicht, dass ihr die Hufe

1

Ohne Helfer platziert ihr zuerst ein Bein auf dem Brett.

2

Dann fordert ihr am Halfter eine kleine Vorwärtsbewegung, idealerweise hebt das Pferd das Bein an. Nun könnt ihr es entsprechend platzieren.

eures Pferdes immer mühsam platzieren müsst. Nach einigen Versuchen mit der doch recht umfangreichen Hilfestellung wird euer Pferd bald probieren, die Hufe selber zu platzieren, wobei es am Anfang noch eine kleine Führung mit der Hand braucht, bis es dann komplett selbstständig aufsteigen kann.

Ihr könnt dem Pferd dabei helfen, indem ihr ihm nach dem ersten Aufsteigen wieder einen kleinen Vorwärtsimpuls gebt, damit es das zweite Bein danebensetzt. Je nach Konzentration sind auch einige Fehlversuche möglich, aber das ist kein Problem. Ihr könnt euer Pferd ruhig ein wenig rumprobieren lassen. Bestärkt und lobt es, sobald es auf dem richtigen Weg ist. Solltet ihr die Bodenbrettübung nur als Vorstufe zur Wippe nehmen, reicht es völlig aus, wenn euer Pferd mit wenig oder gar keiner Hilfestellung die Hufe auf das Brett setzt, wenn ihr es davorstellt. Ihr könnt die Übung aber noch weiter ausbauen, indem ihr nun ein Kommando dafür einführt, zum Beispiel »aufs Brettchen« oder Ähnliches.

Damit euer Vierbeiner lernt, dieses Kommando mit dem Brett zu verknüpfen, stellt ihr ihn einige Meter vom Brett entfernt auf, wobei ihr ihn am Strick haltet. Ihr steht hinter dem Brett. Mit dem Kommando gebt ihr eurem Pferd nun einen Impuls am Strick und lasst es zum Brett gehen und aufsteigen. Völlig klar, dass ihr das dann sofort ganz freudig lobt und belohnt. Das wiederholt ihr einige Male, bis ihr merkt, dass euer Pferd den Impuls am Strick gar nicht mehr braucht, sondern schon selber agiert. Also dann einfach mal runter mit dem Strick und probieren, ob es auch ohne geht. Kein Problem, wenn es noch nicht klappt. In dem Fall einfach wieder den Strick dran und noch einige Male so probieren. Bei manchen Pferden hilft es auch, wenn der Strick nicht ganz weg ist, sondern noch am Halfter ist und über dem Rücken liegt. Dann fühlen sie sich nicht so ganz verloren. Mit der Zeit könnt ihr die Distanz zum Bodenbrett immer mehr vergrößern und je nach

Die Wippe könnt ihr für die ersten Versuche auch noch mit Keilen oder Pads stabilisieren.

Temperament eures Vierbeiners vielleicht auch die Geschwindigkeit erhöhen.

Für das Training mit der kleinen Wippe braucht ihr einen relativ weichen Boden. Die besondere Schwierigkeit beim Aufsteigen, das euer Pferd ja nun schon vom Bodenbrett kennt, ist, dass das Brett hier schräg steht. Die meisten Pferde sind bestrebt, wieder einen geraden und damit sichereren Stand zu bekommen und wollen erst mal auf dem ersten Huf kein Gewicht aufnehmen. Auch ist es älteren Pferden oft unangenehm so schräg zu stehen. Da könnt ihr aber Abhilfe schaffen, indem ihr zum Beispiel das kleine Rundholz in der Mitte einfach im Reitplatzsand eingrabt. So ist die Wippe anfangs weniger schräg.

Eine andere Möglichkeit ist, die Wippe niedriger zu machen. Einige Pferde finden das komplette Wippen einfacher als das Halten und sind so schwerer zum Halten zu motivieren. Damit könnt ihr aber auch ein wenig herumprobieren, wie euer Pferd das austüftelt. Wenn ihr die kleine Wippe nicht eingraben könnt, lässt sich auch rechts und links jeweils ein kleiner Holzblock unterlegen, der sie anfangs begradigt. Auch Balancepads für Pferde oder Menschen eignen sich zum Unterlegen und Abpuffern. Probiert einfach mal aus, ob euer Pferd eine feste oder weiche Unterlage bevorzugt.

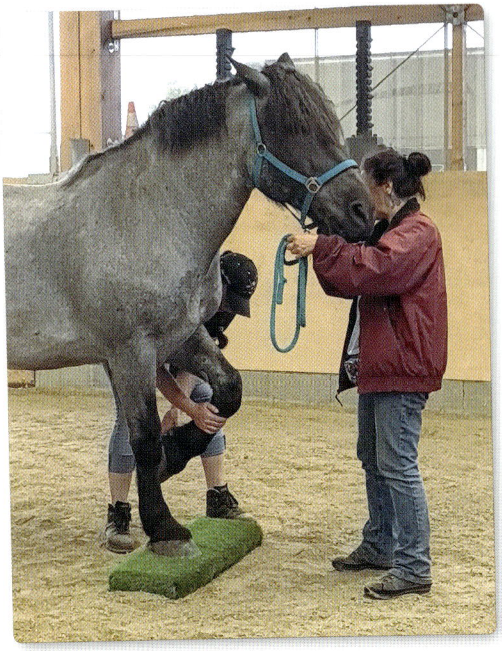

Schaut, dass ihr einen Helfer dazuholt. Er kann sich dann komplett auf die Beine konzentrieren und die Seiten wechseln.

Genug der Vorbereitung, jetzt geht es ans Aufsteigen. Hierbei verfahrt ihr genau wie beim Bodenbrett und platziert den ersten Huf auf einer Seite der Wippe. Mit Helfer geht es auch hierbei wesentlich leichter. So hält der Helfer, der den Huf platziert hat, ihn mit der Hand an der Fesselbeuge auch leicht am Platz, während ihr euer Pferd dazu veranlasst, das Gewicht auf dieses Bein zu verlagern. Jetzt kann euer Helfer die Seiten wechseln und ihr gebt eurem Pferd ganz sachte einen leichten Vorwärtsimpuls. Da bleibt ihm nicht viel anderes übrig, als das andere Bein vom Boden hochzunehmen. Der Helfer fängt es dann sozusagen ein und platziert es auf dem hohen Teil der Wippe.

Meistens bleibt das Pferd nun mit abgeknicktem Bein leicht ratlos stehen. Also bringt ihr den Kopf eures Pferdes wieder in die Mitte bis auf die Seite der erhöhten Wippe, damit euer Vierbeiner das Bein durchdrückt. Euer Helfer hält dabei eine Hand am Widerrist und stabilisiert das Pferd, wenn es die Wippe nach unten drückt. Gleichzeitig lobt ihr es und gebt ihm Leckerlis, damit es den kleinen Schreckmoment überwindet, wenn die Wippe sich bewegt. Viele Pferde steigen da gleich wieder ab, weil es ihnen unheimlich wird. Kein Problem, schaut einfach, dass ihr anfangs wirklich viel füttert, wenn es die Wippe in der Waagerechten hält.

Dabei ist der Helfer, der euer Pferd stabilisiert, wirklich wichtig. Diese Hilfestellung wird dann langsam wieder abgebaut, aber habt es nicht zu eilig damit. Ihr könnt selber mal ausprobieren, wie stark so eine kleine Hilfestellung wirkt. Stellt euch auf die kleine Wippe und stabilisiert euch lediglich mit einem Finger an einer Wand oder auf der Schulter eures Helfers. Gar nicht so schwierig, aber wenn ihr nun den Finger wegnehmt und frei stehen wollt, schaut es schon ganz anders aus. Genauso ergeht es eurem Pferd. Es muss erst langsam lernen, ganz allein die Balance zu finden. Wichtig ist, dass ihr euer Pferd in dem Moment belohnt, wenn es die Balance hält, damit es auch weiß, dass genau das gewollt wird. Der zweite Effekt der Belohnung ist, dass euer Pferd mit Kauen beschäftigt ist und so gar nicht so viel Zeit zum Erschrecken und Abspringen hat.

Mit der Zeit wird es auch immer geschickter werden, sowohl beim Aufsteigen als auch beim Balancehalten, sodass ihr nur noch mit der kleinen Wippe ohne Unterlegen üben könnt. Schaut mal auf euer Pferd, wenn es auf der Wippe die Balance hält. Es muss dabei richtig arbeiten, den Brustkorb, Bauch und Rücken heben und somit viel mit der Bauch-, Rücken- und Hinterhandmuskulatur arbeiten. Zudem lernt es, dass es auch eine unheimliche Situation kontrollieren kann, wenn es sich damit auseinandersetzt. Die Kufenwippe für die Vorderbeine ist eine sachtere Version und das Pferd muss den Mittelpunkt nicht aktiv halten.

Beim Aufsteigen könnt ihr eurem Pferd zusätzlich helfen, indem ihr unter die Kufen beidseitig einen Stock oder Ähnliches unterlegt. Das stabilisiert

1

Zuerst platziert ihr wieder ein Bein auf der niedrigen Wippenseite, ...

2

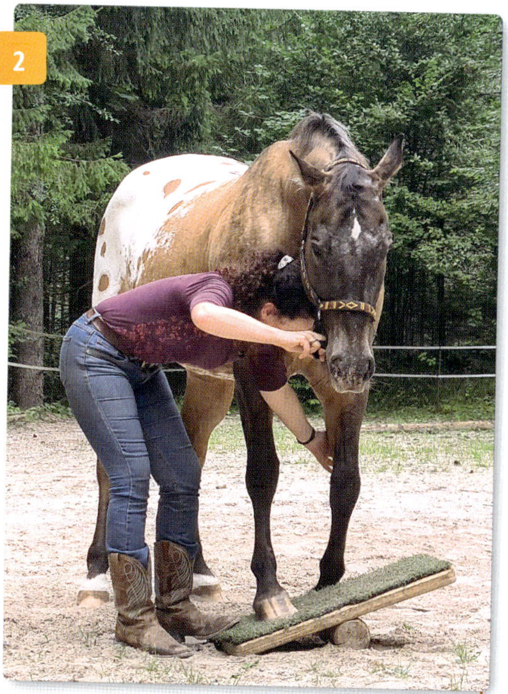

... bevor ihr mit einem kleinen Vorwärtsimpuls das zweite Bein abfangt und aufstellt.

3

Anfangs hilft es dem Pferd, wenn ihr es am Widerrist stabilisiert, so kann es die Balance besser halten.

4

Das Balancehalten ist das Ziel bei der normalen Wippe und gar nicht so einfach.

Fast wie ein kleines Podest: die Kufenwippe.

Die Kufenwippe ist sachter beim Wippen, aber auch hier braucht es am Anfang etwas Hilfestellung.

27

Die große Wippe

Auch bei der großen Wippe gibt es zwei Versionen: die klassische Wippe und die Kufenwippe. Wenn man sich steigern will, gibt es auch noch die Achteckwippe.

Wie soll die Übung aussehen?

Bei der klassischen Wippe könnt ihr mit eurem Pferd darübergehen oder es neben euch gehen lassen. Dabei soll es ruhig und gerade bleiben und jederzeit anzuhalten sein. Beim Anhalten in der Mitte kann euer Pferd die Wippe zum Kippen bringen, indem es lediglich das Gewicht verlagert oder auch immer einen kleinen Schritt nach vorne oder hinten macht.

Bei der Kufenwippe ist das Darübergehen weniger wichtig, sondern das sanfte Wippen steht im Vordergrund. Diese Wippenart kann durch viel kleinere Bewegungen in Schwung gebracht werden und wippt sanfter.

die Wippe und euer Pferd kann wie auf dem Bodenbrett aufsteigen, lediglich auf eine höhere Version. Bei vorsichtigen Pferden könnt ihr die Wippe so ganz fest machen oder bei forscheren Vierbeinern auch noch eine mehr oder weniger starke Wippbewegung zulassen. Im Gegensatz zu anderen Wippen soll euer Pferd bei der Kufenwippe sachte hin- und herwippen und so die Schulterregion schön lockern. Dafür könnt ihr es am Widerrist bewegen und auch wieder durch die Kopfposition zum Wippen bringen.

Auf so großen Wippen funktioniert das Wippen auch im Doppelpack mit Max und Moritz.

Welches Zubehör braucht ihr dazu?

Da führt kein Weg dran vorbei: Ihr braucht eine Wippe. Die klassische Wippe könnt ihr mit etwas Geschick gut selber bauen. Dafür braucht ihr wie bei der kleinen Wippe einen Rundling für darunter, den ihr für die bessere Auflage auch etwas abflachen könnt, wenn die Möglichkeit besteht. Das Wippenbrett (beziehungsweise bei der Breite und Länge wahrscheinlich zwei Bretter) muss schon ziemlich stabil sein, wenn etwa 200 bis 900 Kilo Pferd drauf stehen sollen. Umgedreht könnt ihr die Wippe mit einem abnehmbaren Mittelteil auch sehr gut als Brücke verwenden, beziehungsweise beim ersten Training zum langsameren Gewöhnen. Die Kufenwippe ist schon ein wesentlich größeres bauliches Projekt, aber inzwischen gibt es diese auch schon fertig zu kaufen.

VIDEO

Hier gibt`s die ersten Versuche mit der **Kufenwippe** zu sehen.

Wo liegen die Belastungen für das Pferd?

Bei der Wippe muss das Pferd sich ausbalancieren und das ist, je nach Höhe der Wippe, schon anstrengend. Da es auch mal zu ruckartigen Bewegungen kommen kann, ist bei Sehnenproblemen Vorsicht geboten. Hier eignet sich die sachtere Kufenwippe besser, eventuell mit Stangen zur Abmilderung. Aber auch die normale Wippe könnt ihr für alte Pferde oder Pferde mit leichten gesundheitlichen Problemen so gut entschärfen und den Schwung abflachen.

Welche Herausforderung gibt es für das Pferd?

Die Wippen stellen sehr hohe Anforderungen an das Gleichgewicht. Die meisten Pferde haben das Bestreben, unsicheren Boden so schnell wie möglich zu verlassen. Ein Boden, der sich plötzlich heftig bewegt, ist nicht gerade vertrauensfördernd. Das erfordert vom Pferd schon einiges an Mut, um da ruhig zu bleiben. Es muss auch gut auf euch hören und sich ganz minimal bewegen lassen.

Welche Anforderungen stellt die Übung an den Menschen?

Bei diesen Übungen müsst ihr euer Pferd sehr präzise führen und anleiten. Dabei dürft ihr nicht zu schnell vorgehen und könnt euch gut in Geduld und genauer Beobachtungsgabe üben. Je gründlicher ihr hier bei den Basisübungen seid, desto besser klappt es dann auch bei den weiter ausgebauten Übungen.

Wie wird die Übung trainiert?

Wenn ihr eine Wippe mit abnehmbarem Mittelteil habt, könnt ihr sie prima als Brücke verwenden und so zuerst das präzise Führen sehr gut üben. Lässt sich das Mittelteil nicht abnehmen, könnt ihr euch damit behelfen, dass ihr unter die Wippe auf beiden Seiten ein Kantholz legt, damit sie sich für den Anfang nicht bewegt. Alternativ könnt ihr die ganze Wippe mit dem Mittelteil auch umdrehen und das Mittelteil einfach zum Darübersteigen nehmen. Ihr führt nun euer Pferd genau auf die Mitte der Brücke zu und lasst es darübergehen, wenn es sich gut führen lässt.

Wichtig dabei ist es, dass ihr euer Pferd auch auf der Brücke gerade haltet und es dann nach der Brücke ganz gerade und leicht anhalten könnt. Geht dabei so lange geradeaus weiter, bis ein leichtes Anhalten ohne Zug am Strick und mit geradem Hals möglich ist. Es macht gar nichts, wenn das für den Anfang auch eine längere Strecke ist. Gerade und leicht ist in dem Fall wichtiger als ein frühzeitiges Anhalten.

Indem ihr die Übung einige Male wiederholt, fängt euer Pferd an, auf das Anhalten zu warten und reagiert immer schneller und problemloser auf eure Hilfe. So könnt ihr ganz leicht den Anhaltepunkt zurückverlegen, bis ihr es gleich nach dem Verlassen der Brücke anhalten könnt. Denkt aber immer daran, dass sich die Hinterhand nicht zur

1

Bei einer schmalen und kurzen Wippe ist präzises Führen besonders wichtig.

2

Kurzes Anhalten und Belohnen nach dem Kippen der Wippe.

3

Danach geht es zügig und gerade weiter.

Seite drehen soll. Diese Bewegung wäre für euer Pferd nämlich die normale Reaktion, denn es kann auf diese Weise das Hindernis hinter ihm besser im Auge behalten. Erst wenn das gut klappt, versucht ihr euer Pferd auch auf der Brücke anzuhalten.

Jetzt ist es aber wichtig, dass ihr die Haltezeit nicht allzu lange ausdehnt, damit euer Pferd nicht auf die Idee kommt, die Hinterhand seitlich runterzuschieben. Wenn ihr also merkt, dass euer Pferd etwas unruhig wird, dann geht nach vorne flott von der Brücke runter und bleibt dahinter noch mal stehen. Probiert das einige Male, bis euer Pferd auf der Brücke an jeder Position anzuhalten ist und auch ruhig stehen bleibt. Für das Stehenbleiben wird das Pferd natürlich gelobt, schließlich hat es das toll gemacht. Ob es auch eine Belohnung gibt, hängt etwas vom Pferdetyp ab. Die ganz verfressenen Vierbeiner werden eher unruhig, wenn sie da eine Belohnung bekommen. Auf andere wirkt etwas zu futtern wiederum beruhigend.

Nun wird es Zeit, es auch einmal mit der Wippe in Bewegung zu versuchen. Je nach Höhe des Mittelteils kann es hilfreich sein, wenn ihr es ein wenig im Sand eingrabt, so fällt die Wippbewegung am Anfang weniger heftig aus. Oder ihr legt jeweils eine niedrigere Stange vorne und hinten unter. Im Gegensatz zur »Brücke« sollten diese Stangen eine kleine Wippbewegung zulassen. Ihr könnt auch eine Matte oder Schaumstoffstange unterlegen, die die Wippbewegung abschwächt. Allerdings verunsichert manche Pferde dieses Nachgeben noch zusätzlich. Beim ersten Versuch mit der Wippe machen viele den Fehler und führen das Pferd einfach darüber; die Wippe kippt und das Pferd erschrickt kurz und eilt herunter. Beim nächsten Versuch möchte es diese unangenehme Erfahrung vermeiden und springt beim Anfang der Kippbewegung bereits seitlich von der Wippe. Dieses Verhalten ist nicht leicht zu korrigieren. Also ist es wesentlich sinnvoller, wenn ihr gleich im Vorfeld vermeiden könnt, dass euer Pferd auf diese Art Ausweg kommt.

1

Eine große Wippe bietet etwas mehr Spielraum und bewegt sich sachter.

2

Nach dem Kippen wird Nala aufgefordert, kurz stehen zu bleiben.

3

Danach geht es zügig herunter.

1

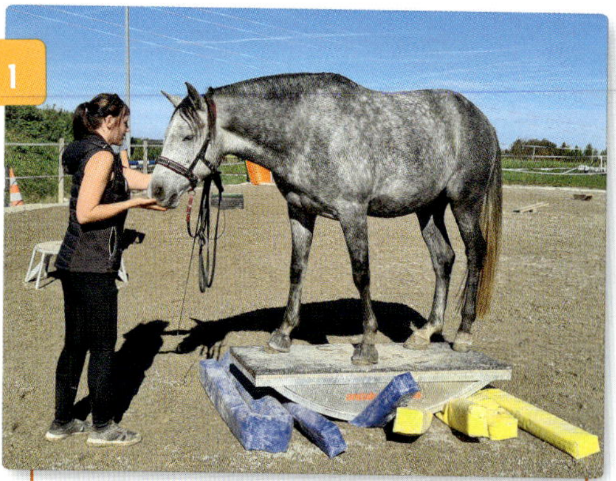

Mit Schaumstoffgassen könnt ihr den Schwung der Kufenwippe etwas dämpfen. Fado ist hier zum ersten Mal komplett auf der Wippe und noch entsprechend unsicher.

2

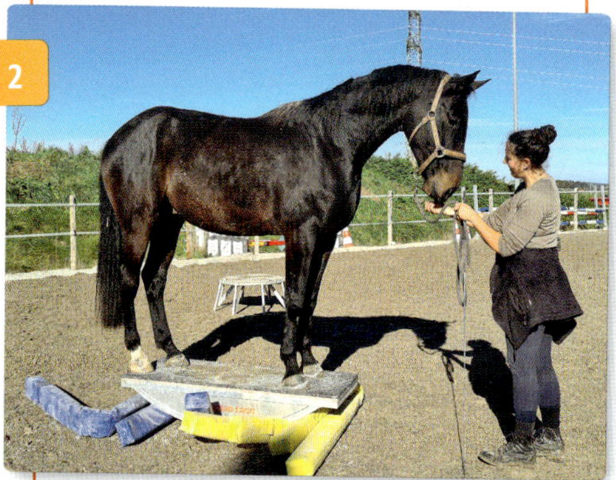

Keks hat eigentlich kaum Platz, aber entwickelt sich zum ungeahnten Wippentalent.

3

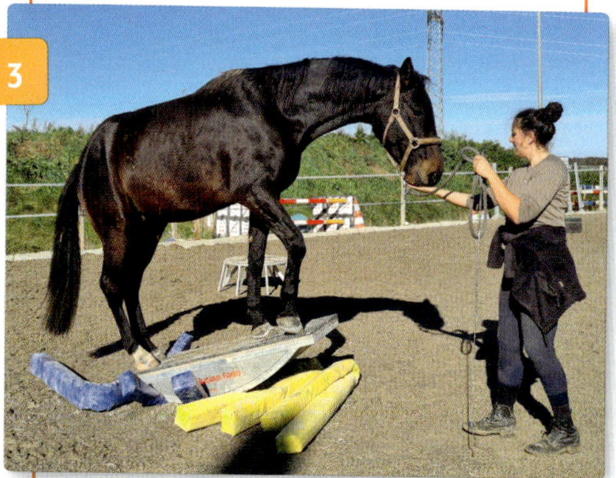

Keks hat hier zu viel Gewicht auf seine Hinterhand verlagert, lässt sich aber ganz toll und ruhig wieder nach vorne holen.

Beim Kippen der Wippe spannen sich die meisten Pferde an, halten die Luft an und wollen weg. In dem Zustand ist es nicht einfach, auf die Pferde einzuwirken und sie noch zum Zuhören zu bewegen. Allerdings gibt es da einen kleinen Trick, den ihr inzwischen wohl auch schon ahnt. Ihr führt euer Pferd über die Wippe und haltet es an, kurz bevor die Kippbewegung kommt. Lobt euer Pferd und fordert es auf, noch einen Schritt vorwärts zu machen, während ihr ein Leckerli versteckt in der Hand haltet. In dem Moment, wenn die Wippe kippt, schiebt ihr eurem Pferd mit einem Lob sofort das Leckerli ins Maul. Beim Kauen atmet es aus und entspannt sich. Nach einem kurzen Verharren geht ihr mit eurem Pferd ganz ruhig geradeaus von der Wippe und haltet danach noch mal an.

Achtet darauf, dass euer Pferd einen eindeutigen Schritt nach vorne macht und die Wippe richtig kippt. Sie sollte nicht ins Hin-und-her-Wackeln kommen, denn das können die Pferde nicht mehr kontrollieren und wollen weg. Die Kippbewegung mit Leckerli-Stopp übt ihr noch so lange, bis ihr merkt, dass sich euer Pferd dabei nicht mehr anspannt und ganz ruhig stehen bleibt. Erst dann fordert ihr auch mal einen Schritt zurück, um die Wippe erneut kippen zu lassen. Auch dabei ist es wieder sehr wichtig, dass die Wippe ganz eindeutig nach vorne oder nach hinten kippt, damit euer Pferd das Gefühl hat, die Bewegung kontrollieren zu können. Nach dem Nach-hinten-Kippen, lasst ihr euer Pferd wieder einen Schritt nach vorne gehen und stoppen. Erst dann verlasst ihr die Wippe mit ihm geradeaus.

Wenn euer Pferd bemerkt hat, dass es die Wippe gut kontrollieren kann und nicht mehr angespannt ist, könnt ihr es problemlos mittig auf der Wippe anhalten lassen und die Kippbewegung lediglich durch eine Gewichtsverlagerung auslösen, ohne dass euer Pferd die Beine bewegt. Dafür legt ihr ihm die Hand auf die Brust und versucht mal

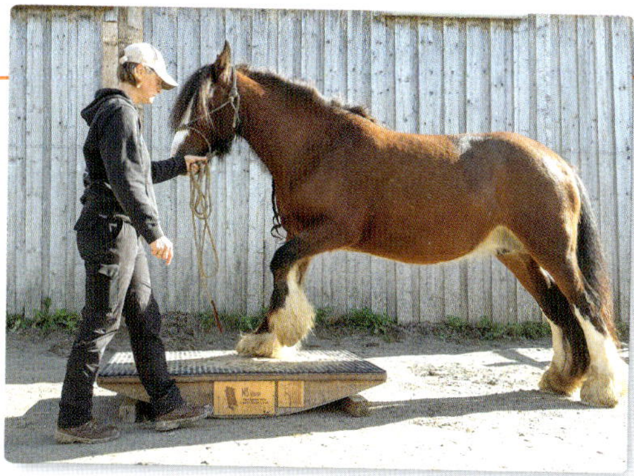

Die kurze Kufenwippe erfordert schon ein präzises Aufsteigen.

Auch mit Hilfe von untergelegten Stangen kann die Wippbewegung anfangs noch eingeschränkt werden.

zu erfühlen, wann es sich ein ganz klein wenig zurückschieben lässt. Solange ihr hier Gegendruck gegen eure Hand bekommt, hat es wenig Sinn zu schieben, denn dann würde euer Pferd das Gewicht eher nach vorne schieben oder einen ganzen Schritt machen. Spürt ihr aber, dass es die Muskulatur entspannt, könnt ihr es ganz behutsam dazu bringen, das Gewicht auf die Hinterhand zu verlagern. Das reicht dann schon für ein Kippen der Wippe.

Bei der Kufenwippe könnt ihr für den Anfang auch jeweils eine Stange unter die Enden legen, um diese zu fixieren oder nur in eine ganz leichte Kippbewegung zu bringen. Wenn euer Pferd gelernt hat ruhig mittig zu stehen, könnt ihr die Stangen erst mal weiter herausnehmen und schließlich ganz weglassen. Das Wippen auf der Kufenwippe ist leichter auszulösen. Da auch meistens noch weniger Platz auf der Wippe ist, reicht eine ganz leichte Gewichtsverlagerung aus, die anfangs durch die untergelegten Stangen abgefangen wird. Viele Pferde können die »schnelle« Wippe zu Beginn nur schwer kontrollieren und neigen dann dazu abzuspringen, sobald es zu unruhig wird. Ihr müsst bei eurem Pferd gut darauf achten, dass es eindeutig nach vorne oder hinten wippt, wobei das etwas schwieriger ist als

1

Die lange Version beim Aufsteigen ohne Hilfsmittel.

2

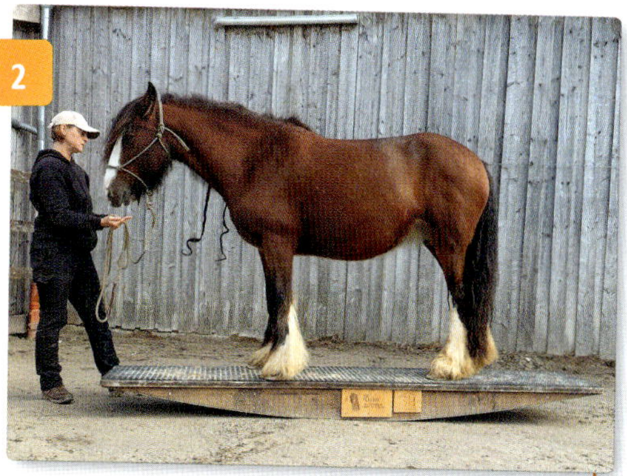

Die lange Wippe bietet Platz zum Hin- und Hergehen.

Herausfordernd: Die in alle Richtungen kippende Achteckwippe.

bei der normalen Wippe. Euer Pferd muss dabei sehr gut auf euch achten und in kleinen Schritten bewegen lassen.

Wie könnt ihr die Übung weiter ausbauen?

Anfangs müsst ihr euer Pferd immer sehr genau anführen, damit es nicht an der Wippe/Brücke vorbeigeht oder auch seitlich absteigt. Mit zunehmender Übung fängt euer Pferd bestimmt an, sehr selbstständig auf die Wippe zu gehen. Die nächste Herausforderung ist nun, diese Übung auch am langen Strick aus einiger Entfernung abzurufen. Sollte es noch nicht sicher klappen, könnt ihr vor die Wippe auch eine Stangengasse legen, in die ihr euer Pferd mit langem Strick hineindirigiert, damit es gut auf die Wippe aufsteigen kann. Viele Pferde finden ganz schnell Gefallen an der Wippe und vor allem der Kippbewegung. Sie führen die Übung dann auch ganz von selbst aus, wenn sie die Wippe nur sehen. Für mehr Abwechslung könnt ihr auch Stangen oder dicke Äste auf die Wippe legen und so die Übung für euer Pferd anspruchsvoller gestalten.

VIDEO

Schaut euch die **Tinker auf den verschiedenen Kufenwippen** an.

Die Übung unter dem Reiter

Wenn euer Pferd die Wippe alleine schon gut beherrscht, könnt ihr es auch einmal vom Sattel aus versuchen. Hier gibt es einen kleinen Unterschied zum ersten Training am Boden, da ihr eurem Pferd kein Leckerli von oben fürs Stehenbleiben anbieten könnt, da die meisten Pferde sonst den Hals zu sehr nach hinten drehen und eventuell mit der Hinterhand ausschwenken. Allerdings sollte es bis zum ersten gerittenen Versuch auch kein Beruhigungsleckerli mehr brauchen.

Bevor ihr versucht, auf der Wippe stehen zu bleiben, reitet ihr in einem gleichmäßigen Tempo über die Wippe und lasst sie umkippen. Erst danach bleibt ihr mit eurem Pferd stehen und – ihr könnt es euch sicher schon denken – leicht und gerade. Dabei ist es wieder egal, in welcher Entfernung von der Wippe ihr bei den ersten Versuchen stehen bleibt. Beim Anreiten konzentriert ihr euch darauf, dass ihr euer Pferd ganz präzise und gerade mittig auf die Wippe leitet. Später klappt das dann auch mal schief oder von der Seite, aber gerade am Anfang sollte euer Pferd möglichst gar nicht auf die Idee kommen, auszuweichen oder seitlich herunterzutreten. Darum ist das genaue Anreiten und auch das gerade Stehenbleiben zu Beginn so wichtig, denn damit könnt ihr spätere Schwierigkeiten gleich vermeiden. Nach einigen gelungenen Versuchen haltet ihr euer Pferd dann auch mal auf der Wippe an und zwar

Beim Darüberreiten, nach Vorbereitung am Boden, gilt anfangs das Gleiche wie beim Führen.

Auch als beweglicheres Querpodest lässt sich die Wippe nutzen, kein Problem für Sunny.

möglichst nach der Kippbewegung, aber achtet darauf, dass euer Pferd nicht zu viel Schwung von hinten bekommt. Wenn ihr merkt, dass es richtig anschiebt durch das Kippen, dann lasst es lieber noch ein, zwei Schritte weitergehen, bevor es euch seitlich schief wird. Klappt das schon gut? Dann könnt ihr euer Pferd als Variante mittig anhalten und es auffordern, die Wippe nicht nur nach vorne, sondern auch nach hinten kippen zu lassen. Wie auch ohne Reiter klappt das mit einem Schritt nach vorne und hinten oder nur durch die Gewichtsverlagerung.

Achtet dabei darauf, dass ihr mittig auf eurem Pferd sitzen bleibt und nicht versucht, selber mitzuwippen. Die Versuchung ist nämlich groß, aber ihr würdet euer Pferd aus dem Gleichgewicht bringen und ihm die Aufgabe erheblich schwerer machen. Bei der Kufenwippe hilft es sehr, wenn ihr für die ersten Versuche noch mal die Stangen unterlegt und so die Wippbewegung begrenzt, auch wenn euer Pferd es ohne Reiter schon ohne die Stangenhilfe meistert. Hier ist ein Wippen durch leichte Gewichtsverlagerung leichter zu erreichen als bei der großen Wippe.

28

Das **Sitzkissen**

Ein Pferd kann sich durchaus wie ein Hund hinsetzen. Die meisten Pferde genießen es richtig, wenn sie es einmal geschafft haben, und sitzen auch sehr lange und bequem auf ihrem Kissen.

Wie soll die Übung aussehen?

Euer Pferd geht rückwärts auf das Sitzkissen zu, bis seine Hinterbeine anstoßen, und setzt sich dann auf das Kissen.

Welches Zubehör braucht ihr dazu?

Ein richtiges Pferdesitzkissen ist für das Üben und Draufsitzen natürlich am besten geeignet, weil ihr es in der Festigkeit anpassen könnt und es relativ leicht und gut in verschiedenen Positionen zu

Einfach mal zusammen rumsitzen. Das Sitzkissen ist für die meisten Pferde eine sehr entspannende Übung.

platzieren ist. Das Sitzkissen kann man sich anfertigen lassen und vielleicht dann in der Gruppe kaufen. Zur Vorbereitung auf das Training mit dem Sitzkissen kann man sich auch ohne behelfen. Dazu braucht man zum Beispiel eine alte Matratze oder einfach etwas großes Weiches, das man aufstellen kann. Diese Alternative lehnt man nun an eine Wand oder einen Zaun, der stabil genug ist, dass sich das Pferd auch dagegen lehnen kann. Eine alte Matratze kann gut festgemacht über zwei bis drei Paletten als Pferdecouch dienen oder auch Strohballen mit oder ohne weiche Auflage eignen sich. Die kleinen Ballen solltet ihr aber zusammenbinden, damit sie nicht im ungeeigneten Augenblick auseinanderrutschen.

Für kleine Ponys ist auch ein großer, gut gefüllter Outdoorsitzsack für Menschen geeignet, den man eventuell noch mit einer Palette darunter stabiler macht.

Achtet auf die Qualität der Sitzkissen, dann kann nichts schiefgehen. Hier macht es sich Deckhengst Conquest bequem.

Wo liegen die Belastungen für das Pferd?

Das Sitzen sollten Pferde mit akuten Problemen an Hinterhand und Rücken natürlich nicht trainieren. Bei chronischen Problemen kommt es auf die jeweiligen Einschränkungen an. Da die Pferde aber im Gegensatz zum Sitzen auf dem Boden hier auf sehr weichem Grund und leicht erhöht Platz nehmen, hält sich die Belastung in Grenzen. Die meisten Pferde sitzen auch gleich sehr gerade, sodass es kaum zu einer Schrägbelastung im Lendenbereich kommt wie beim Sitzen aus dem Liegen.

VIDEO

Irgendwann ist immer das erste Mal:
Hier geht's ans **richtige Sitzen**.

Welche Herausforderung gibt es für das Pferd?

Die größte Schwierigkeit beim Sitzkissentraining ist nicht, das Pferd letztendlich auf das Sitzkissen zu manövrieren, sondern es erst einmal überhaupt so weit an dieses heranzudirigieren. Für ein Pferd ist es nämlich total unsinnig, gerade rückwärtszugehen. Dabei geht es in den Bereich, den es nicht mehr sehen kann, und die meisten Pferde sind natürlich bestrebt, genau zu sehen, wohin sie gehen. Also ist es aus Pferdesicht viel logischer, schräg zu gehen beziehungsweise die Hinterhand zur Seite zu schieben. Jetzt verlangen wir von unserem Pferd aber nicht nur, dass es gerade rückwärtsgehen soll, sondern zudem noch auf ein Hindernis zuzusteuern und zu rammen, das es, wenn überhaupt, nur aus den Augenwinkeln wahrnehmen kann. Es ist schon ein riesiger Vertrauensbeweis, wenn sich euer Pferd von euch sozusagen in ein schwarzes Loch schieben lässt. Daher ist es auch wichtig, sich gerade in dieser Phase Zeit zu lassen.

Im Kurs habe ich schon Pferde gehabt, die sich in den zwei Tagen nur wenige Schritte an das Kissen herangetraut haben und andere, die sich in der kurzen Zeit bereits komplett draufsetzten. Mein Feivel hat für diese erste Phase der Annäherung mehrere kleine Einheiten mit längeren Pausen zum Nachdenken dazwischen gebraucht. Erst als er sich traute, sich hineinzudrücken, hat er schnellere Fortschritte gemacht. Bei Carlito klappte die Annäherung in einer Einheit mit Pausen.

Welche Anforderungen stellt die Übung an den Menschen?

Für diese Lektion ist schon eine gute Portion Geduld nötig, denn schnelle Erfolge sind eher unwahrscheinlich. Ihr müsst euer Pferd genau dirigieren und auch korrigieren können, wenn es rückwärtsgeht. Dabei müsst ihr es gut beobachten, um zu erkennen, ob ihr noch einen Schritt zurück fordern könnt oder ob das zu viel ist und euer Pferd in der Folge ausweicht. Das ist oft gar nicht so einfach zu erkennen, aber im Verlauf der Übungwird euch das immer leichter fallen.

Wie wird die Übung trainiert?

Zum Training könnt ihr also die Matratze oder das aufgestellte Sitzkissen an eine Wand lehnen und euer Pferd vorwärts damit bekannt machen. Ein Leckerli auf dem Kissen macht es gleich viel ungefährlicher und angenehmer. Um den Anfang einfacher zu gestalten, nehmt ihr, wenn möglich, eine Ecke, sodass auf einer Seite bereits eine Begrenzung ist. Auf der anderen Seite könnt ihr noch eine Hindernisstange oder weiche Stange legen, um eine Art Gasse zu formen. Dabei lasst ihr einen kleinen Abstand zwischen Stange und Kissen. Statt nun gleich zu versuchen, das Pferd rückwärts einzuparken, führt ihr es vorwärts durch diese Lücke und biegt in die Gasse ab.

Erinnert ihr euch an das leichte und gerade Anhalten? Das ist hier nun gefragt. Das Pferd soll sich gut gerade anhalten lassen. Wie weit das vom Kissen entfernt ist, ist am Anfang gar nicht so wichtig. Nach einigen Wiederholungen sollte sich das Pferd in der Nähe des Kissens gut stoppen lassen und auch nicht versuchen auszuweichen. Natürlich wird das Stehenbleiben sofort gelobt und gegebenenfalls auch belohnt. Jetzt ist es Zeit für das Rückwärtsgehen. Dabei ist es wichtig, nicht zu schnell vorzugehen, weil euer Pferd sonst mit dem Hinterteil ausweicht. Also versucht ihr das Pferd ganz langsam, Schritt für Schritt nach hinten zu bewegen und immer wieder anzuhalten, zu loben und kleine Pausen einzubauen. Denkt daran, dass ihr nicht sofort ganz nach hinten gehen müsst. Konzentriert euch am besten immer nur auf einen Huf, den ihr bewegen wollt. Das ist dann der Huf, der näher zu euch steht. Es reicht, wenn es nur eine Hufbreit nach hinten geht. Oft wird auch der parallele Huf mit nach hinten genommen, aber das muss nicht sein. Jetzt wird gleich gelobt und eine kleine Pause eingebaut, bevor ihr es mit dem nächsten Huf wiederholt. So kommt euer Pferd ganz langsam nach hinten und das fast ohne es zu merken. Würdet ihr euch gleich komplett auf das Rückwärtsgehen konzentrieren, entstünde oft viel zu viel Druck und euer Pferd würde sich dann gegen die Erwartung sträuben und eher dagegen gehen. So, Huf für Huf vorzugehen, ist das Ganze eine viel kleinere Aufgabe. Das Pferd soll sich dabei wohl und sicher fühlen. Das erreicht ihr,

1

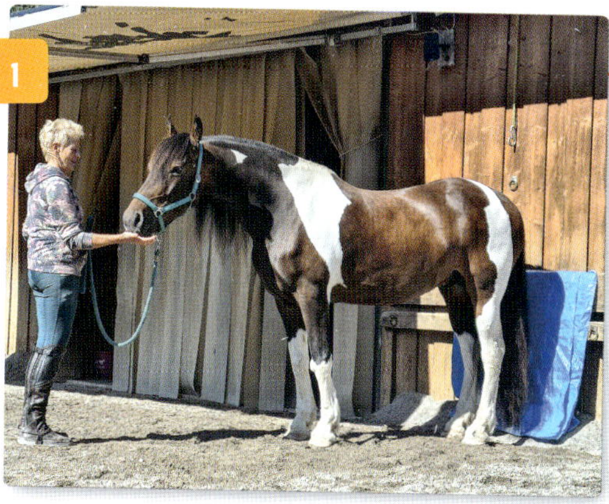

Jacko lernt als erstes, sich einer Plane gerade rückwärts anzunähern.

2

Hier wurde ein Schritt zu viel gefordert und Jacko weicht mit der Hinterhand seitlich aus.

3

Eine seitliche Begrenzung kann das Einparken erleichtern. Für den Kontakt zum Kissen wird Jacko belohnt.

4

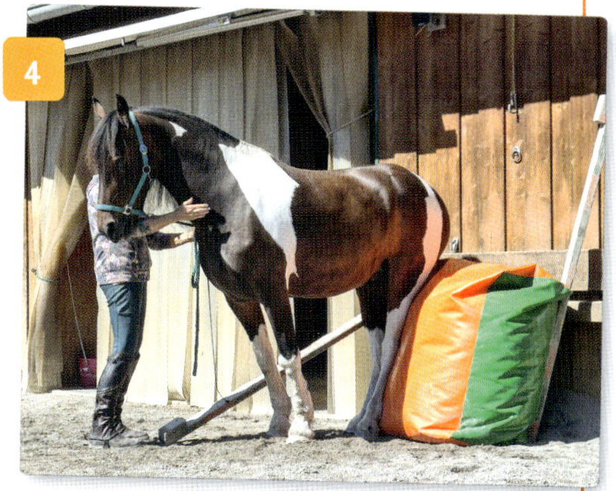

Noch ein wenig an der Brust zurückgeschoben merkt er, dass er weich aufgefangen wird.

5

Nach einigen Versuchen setzt er sich bereits richtig hin.

6

Jetzt wird das Kissen mit Hilfe einer Palette schräger gestellt und die Übung wiederholt.

1 Das schräge Kissen ist die nächste Stufe zum Hinsetzen.

2 Möchtet ihr nun mit dem flach liegenden Kissen üben, erhöht ihr die Sitzhöhe anfangs mit einer stabilen Palette.

3 Die Beine werden ein wenig unter den Körper geschoben und schon sitzt Jacko auf dem hohen Kissen.

4 Noch ein wenig schief, aber tatsächlich sitzt Jacko hier das erste Mal auf dem niedrigen Kissen.

indem ihr immer wieder diese kleinen Pausen einbaut. Dabei könnt ihr entscheiden, ob ihr nach der Pause noch einen Schritt nach hinten versucht oder ob ihr die Übung nach vorne auflöst. Sollte euer Pferd noch nicht so weit sein, dass es weiter nach hinten gehen kann, wird es ausweichen. Falls das passiert, geht ihr einfach wieder ein Stück vor zum letzten Pausenplatz zurück, versucht noch einen kleinen Schritt zu bekommen und löst die Übung dann auf. Lasst eurem Pferd die Zeit, die es dafür braucht.

Steht euer Pferd nun am Kissen, kommt der nächste Schritt. Es soll das Kissen berühren, was meistens mit den Sprunggelenken passiert. Jetzt wird es natürlich ganz besonders gelobt, damit es merkt, dass das genau die richtige Reaktion war. Die Steigerung davon ist, dass sich das Pferd mit dem Hintern so richtig in das Kissen reindrückt. Gar nicht so einfach, es ihm begreiflich zu machen. Ihr braucht etwas Gefühl dafür einschätzen zu können, wann das Pferd dazu bereit ist. Euer Pferd steht nun also ganz dicht am Kissen und alles, was nun noch fehlt, ist eine Rückwärtsbewegung. Allerdings weiß euer Pferd nicht, dass es nicht nach hinten kippt, sondern vom Kissen aufgefangen wird. Das muss es erst herausfinden.

Macht Euch bewusst, was ihr von eurem Pferd fordert. Kennt ihr die Vertrauensübung, bei der man sich nach hinten fallen lässt und der dahinter stehende Partner einen auffängt? Probiert es ruhig mal aus und ihr werdet merken, dass es gar nicht so einfach ist, sich darauf einzulassen. Eurem Pferd geht es ähnlich.

Legt ganz sachte eure Hand auf die Brust eures Pferdes und probiert, ob es sich leicht nach hinten schieben lässt. Solange es Druck gegen eure Hand aufbaut, behaltet ihr den leichten Druck einfach bei. Erst wenn ihr spürt, dass das Pferd dort an den Muskeln weich und nachgiebig wird, schiebt ihr es ganz behutsam zum Kissen hin. Idealerweise bekommt es in dem Moment, in dem es sich nach hinten bewegen lässt, die Belohnung und das Lob. Die Belohnung verhindert, dass es sich in dem Moment verkrampft. Es wird auf diese Weise schneller verstehen, was ihr von ihm wollt.

Die meisten Pferde merken nach einigen Wiederholungen sehr schnell, dass sie aufgefangen werden und sich gemütlich anlehnen können. Im weiteren Verlauf könnt ihr das Sitzkissen nun immer schräger an die Wand lehnen, sodass euer Pferd sich immer mehr »richtig« setzen muss. Achtet dabei darauf, dass es das Kissen wirklich mittig trifft, damit es beim Hinsetzen nicht seitlich abrutscht. Erst wenn das Pferd sich schon gut auf dem schrägen Kissen platzieren lässt, wird das Kissen eben auf den Boden gelegt. Manche Pferde finden es hilfreich, wenn man das Kissen etwas mit einer Palette erhöht. Das muss man einfach ausprobieren.

VIDEO

Im Video zeigt Feivel wie das Ganze fertig aussieht.

Manche Pferde setzen sich nun gleich auf das flach liegende Kissen, aber die meisten Vierbeiner brauchen noch einen kleinen Zwischenschritt. Dafür stellt ihr einen Helfer hinter das schräge Kissen, der es stabilisiert. Sobald sich nun das Pferd hineindrückt, lässt er das Kissen sachte nach unten sinken und nimmt das fast sitzende Pferd sozusagen einfach mit. Beim Hinsetzen auf das flache Kissen gibt es meistens einen kleinen Schreckmoment, wenn die Pferde sich so richtig ins Kissen plumpsen lassen. Das ist aber nicht schlimm, denn sobald euer Pferd merkt, dass es weich aufgefangen wird, wird es sich entspannen und gemütlich sitzen bleiben. Mit einem Leckerbissen könnt ihr das noch unterstützen.

Es ist schon eine ziemlich beachtliche Leistung, wenn Pferde diese Übung in einem Zwei-Tages-Kurs lernen, aber ich habe immer mal Pferde dabei, die das tatsächlich schaffen. Wie sich der Gesichtsausdruck der Pferde verändert, wenn sie auf das Kissen plumpsen und erkennen, wie angenehm das ist, ist lustig anzuschauen. Bisher ist auch noch kein Pferd beim ersten richtigen Sitzen sofort wieder aufgestanden, sondern alle haben es ausgekostet. Manche Pferde trauen sich anfangs lange nicht, sich richtig fallen zu lassen. Bei diesen Pferden ist es wichtig, dass sie immer wieder die Erfahrung machen, gut aufgefangen zu werden, indem man gründlich mit dem geraden oder schrägen Kissen trainiert. Manchmal hilft es auch, wenn ihr beim endgültigen Hinsetzen ein zweites Kissen/Matratze oder Ähnliches als eine Art Lehne auf das Kissen legt.

Unsichere Pferde mögen es, wenn sie so richtig umfangen werden beim Hinsetzen. Ähnlich wie das Podest ist auch das Kissen bald eine Übung, bei der die Pferde gut zur Ruhe kommen. Es gibt dann nicht nur ein Leckerli zum Hinsetzen, sondern bald auch eines zum Aufstehen, damit man die Pferdchen wieder vom Kissen herunterbekommt.

Und wenn es mal schiefgeht?

Ja, auch das kann durchaus vorkommen. Sollte sich euer Pferd einmal zu eng am Rand hinsetzen, dann kann es passieren, dass es Schräglage bekommt und einfach abrutscht. Wenn euer Pferd dabei ein Halfter trägt und ihr den Strick noch in der Hand habt, könnt ihr ihm beim Aufstehen helfen, indem ihr es am Strick sozusagen in die Höhe zieht. Richtig hochziehen könnt ihr ein großes Pferd natürlich nicht, aber ihr könnt ihm Hilfestellung und Stabilität geben, damit es doch noch aufstehen kann.

Trotz aller Umsicht kann so ein Pferdchen aber auch mal runterpurzeln. Meistens rollen sie sich dabei sehr gut ab, sodass außer einem kleinen Schreckmoment nichts passiert.

Erstaunlicherweise hatte ich nach solch einem »Purzler« noch nie ein Pferd, das nicht sofort wieder auf das Kissen drauf ist. Meistens passiert so etwas nicht am Anfang des Trainings, sondern gerade mit den Pferden, die das Kissen schon ganz toll finden und ohne Probleme, meist auch schon ohne Halfter, darauf gehen. Die sind dann nämlich so eifrig, dass sie zu schnell und ungestüm werden und nicht mehr genau anvisieren. Das geht dann nach dem Motto »Lass mich nur machen, ich kann das«. Da hilft dann nur genau aufzupassen und dem Pferd doch noch mal zu zeigen, dass es einen Tick ruhiger auch noch klappt. Eventuell das Pferd noch einmal mit Halfter anleiten, obwohl die meisten Vierbeiner nach einer Bruchlandung von selbst wieder genauer hinschauen.

Meine Pferde setzen sich alle auf das Kissen, aber vor allem Feivel liebt es, wobei er ganz viele kleine Schrittchen bis zum Erfolg gebraucht hat. Er sitzt durchaus mal eine halbe Stunde auf dem Kissen und verteidigt es auch. Im Winter habe ich ihm einen Sessel aus Schnee gebaut und war mir nicht sicher, ob er den festen Sitzplatz auch so leicht annehmen würde. Schließlich ist das doch etwas anderes als sein weiches Sitzkissen, aber Feivel hat sich ganz selbstverständlich rückwärts auf seinen Schneesessel gesetzt und saß wortwörtlich ganz cool drauf. Die Idee dazu kam mir, als er im Spiel mit seinem Raufkumpan im tiefen Schnee ausgerutscht ist und er sich ganz spontan wie ein Hund hingesetzt hat. Das Raufspielchen ging dann einfach im Sitzen weiter.

Wie könnt ihr die Übung noch ausbauen?

Das Hinsetzen auf das Kissen ist schon eine tolle Übung, aber natürlich könnt ihr es auch noch ausbauen. So könnt ihr euch ganz schnell zu eurem Pferd mit auf das Kissen setzen oder euch mit drauflegen. Achtet dann nur darauf, dass euer Pferd sich nicht zu sehr verbiegt, wenn ihr ihm eine Leckerei anbietet. Sonst kann es bei den verfressenen Vierbeinern schon mal passieren, dass sie vom Kissen purzeln. Sobald ihr euer Pferd ohne Halfter und nur mit Zeichen auf das Kissen dirigieren könnt, könnt ihr es auch aus der Entfernung versuchen und euer Pferd viel alleine machen lassen. Dabei greift ihr nur ein, wenn es sich zu weit am Rand hinsetzen sollte.

Eine andere Möglichkeit ist, dass ihr euch bereits auf den Rand des Kissens setzt und euer Pferd dann zu euch herruft, damit es sich dazusetzt. Manche Pferde brauchen dafür einige Anläufe, da sie aus den Augenwinkeln sehen, dass das Kissen besetzt ist, und sich dann oft nicht trauen, sich mit draufzusetzen. Aber mit etwas Erfahrung klappt das auch bald. Das Sitzen vor den Beinen des Pferdes am Boden solltet ihr erst probieren, wenn euer Pferd wirklich sehr sicher sitzt und nicht von selber ohne Kommando aufsteht. Die Position ist nicht ganz ungefährlich, wenn das Pferd aufspringen sollte. Dabei kann man versehentlich unter die Hufe kommen, wenn man sich nicht schnell und geschickt abrollt.

Die Übung unter dem Reiter

Auch das ist möglich, aber kostet meistens ein wenig Überwindung vonseiten des Reiters. Euer Pferd ist dabei natürlich nicht gesattelt, da das seine Bewegungsfreiheit einschränken würde. Die größte Schwierigkeit dabei ist, das Pferd so genau rückwärts vor dem Kissen zu platzieren,

1

Beim Hinsetzen mit Reiter müsst ihr besonders gut auf die mittige Platzierung achten.

2

Erst wenn die Position gut passt, kommt das Signal zum weiteren Rückwärtsgehen.

3

Auch der Reiter muss auf eine mittige Platzierung auf dem Pferd achten. Feivel senkt sich hier ganz vorsichtig ab.

4

Passend eingewiesen auf dem Kissen und immer ein Ohr ganz aufmerksam bei seiner Reiterin.

VIDEO

Im Video seht ihr das **Sitzkissen im Hänger beim ersten Versuch.**

dass es sich wirklich mittig hinsetzen kann. Natürlich wird die Übung mit Reiter erst ausprobiert, sobald sie ohne schon sehr gut funktioniert und euer Pferd dabei keine großartige Hilfestellung mehr benötigt. Dann kann es euch beim Platzieren nämlich auch schon gut helfen und ihr müsst die Position nur noch ein wenig überprüfen und gegebenenfalls korrigieren. Es hilft zudem, wenn ihr einen Helfer vom Boden aus dabei habt, der zwar nicht korrigierend eingreifen muss, aber euch die beste Position und eventuelle Korrekturen ansagen kann. Von oben ist das tatsächlich manchmal schwer einzuschätzen, und ihr solltet euch beim Anreiten auch nicht verdrehen, um euer Pferd nicht wieder zu verschieben. Beim Hinsetzen wird so ein Pferderücken dann sehr abschüssig und rutschig. Vorteilhaft ist es, wenn euer Pferdchen eine dicke Mähne hat und ihr euch daran festhalten könnt. Alternativ tut es auch ein Halsseil, das euch ein wenig mehr Stabilität gibt. Ihr solltet das nur mit Pferden üben, die sicher sitzen. Dann ist es auch kein Problem, wenn ihr euch einfach den Rücken herunterrutschen lasst und bequem hinter eurem Pferd auf dem Kissen sitzt.

29

Die **klassischen Zirkuslektionen**

Die klassischen Zirkuslektionen sind die Lektionen und Übungen, die man früher nur im Zirkus oder den wenigen Pferdeshows gesehen hat. Tatsächlich waren in meinen Anfangsjahren die Pferde, die solche exotischen Sachen können, noch etwas sehr Besonderes und kaum jemand hat daran gedacht, das auch seinem Pferdchen daheim beizubringen.

30

Die Defensivlektionen

Die Defensivlektionen sind alle Lektionen, die in Richtung Boden gehen. Sie verlangen vom Pferd, dass es die Übersicht aufgibt und auch die schnelle Fluchtmöglichkeit. Die meisten dieser Bewegungen zeigen Pferde im natürlichen Umfeld auch in ruhiger Umgebung und gelassener Stimmung. Diese Lektionen sind nicht nur körperlich, sondern auch mental eine Herausforderung. Vielfach wird gesagt, dass diese Übungen Unterordnung verlangen. Ich sage lieber, dass sie das Einverständnis des Pferdes erfordern, seine Sicherheit in unsere Hände zu geben. Darum liegt es an uns, ihm diese Übungen zu erklären, es darauf vorzubereiten und ihm die Zeit zu lassen, die es braucht.

Zwang ist hier fehl am Platz und führt nicht zu einer vertrauensvollen Zusammenarbeit. Es ist auch immer sinnvoll, eine Trainingseinheit abzubrechen, wenn euer Pferd massiv Widerstand leistet oder eine Übung, die es bisher immer gut ausgeführt hat, absolut nicht machen will. Damit es nicht zu Frust auf beiden Seiten kommt, könnt ihr in dem Fall immer eine leichte Übung zum Abschluss machen, die ihr loben und belohnen könnt. Danach ist es sinnvoll, die Trainingseinheit zu analysieren und zu überlegen, warum das Pferd nicht mitarbeiten wollte. Es hat immer einen Grund dafür und den gilt es herauszufinden.

Das Liegen, ein großer Vertrauensbeweis.

Für mein zweites Zirkusbuch wollte ich meinen Cisco neben der Wippe ablegen, was er aber auch nach Aufforderung immer wieder abgebrochen hat. Cisco ist normalerweise sehr sicher im Liegen und lag sogar schon mitten in einer Arena. Mir war das zuerst total unverständlich, aber ich habe die Lektion dann abgebrochen. Wir sind ein gutes Stück weggegangen und siehe da, Cisco hat sich sofort abgelegt. Die Nähe zur Wippe war das Problem und ich fand es unfair, noch mal ein Liegen dort zu fordern, wenn es ihm so unangenehm ist. Es wurde dann eine andere Fotoidee.

31

Die Bergziege

Die Bergziege ist eine Übung, die ein wenig umstritten ist, da die Vorderbeine dabei rückständig stehen, was man beim Reiten nicht so gerne sehen will. Allerdings ist sie auch eine gute Übung für das Gleichgewicht. Nicht jedes Pferd wird die Übung bis zum kompletten Ergebnis ausführen, was auch gar nicht nötig ist. Für mich ist die Lektion trotzdem wertvoll, da sie den Pferden zu einem neuen Körpergefühl verhilft und sie sich anders und bewusst sortieren lernen.

Wie soll die Übung aussehen?

Bei der Bergziege stellt das Pferd die Vorder- und Hinterhufe unter dem Bauch ganz dicht zusammen und holt sich die Belohnung noch in der Dehnung in Richtung Boden ab.

Welches Zubehör braucht ihr dazu?

Für das Training braucht ihr natürlich Leckerlis, eine Gerte, um die Beine touchieren zu können und eine runde oder eckige Stange oder als Alternative den Belag vom Podest.

Wo liegen die Belastungen für das Pferd?

Je nachdem wie weit ihr die Übung ausführt, liegt sehr viel Gewicht auf den Vorderbeinen, während die Hinterhand zwar untergeschoben wird, aber nicht unbedingt viel trägt. Daher ist die Übung für Pferde mit Erkrankungen an den Vorderbeinen oder auch im Lendenbereich nicht geeignet. Mit Reiter sollte die Übung daher auch nicht ausgeführt werden, da das noch zusätzliche Belastung bringt und verhindert, dass das Pferd ungehindert den Rücken aufwölben kann.

Welche Herausforderung gibt es für das Pferd?

Diese Lektion erfordert ein hohes Maß an Gleichgewichtsgefühl und Dehnung in der Oberlinie. Deswegen solltet ihr auch nur in ganz kleinen Schritten vorgehen, damit sich euer Pferd in den

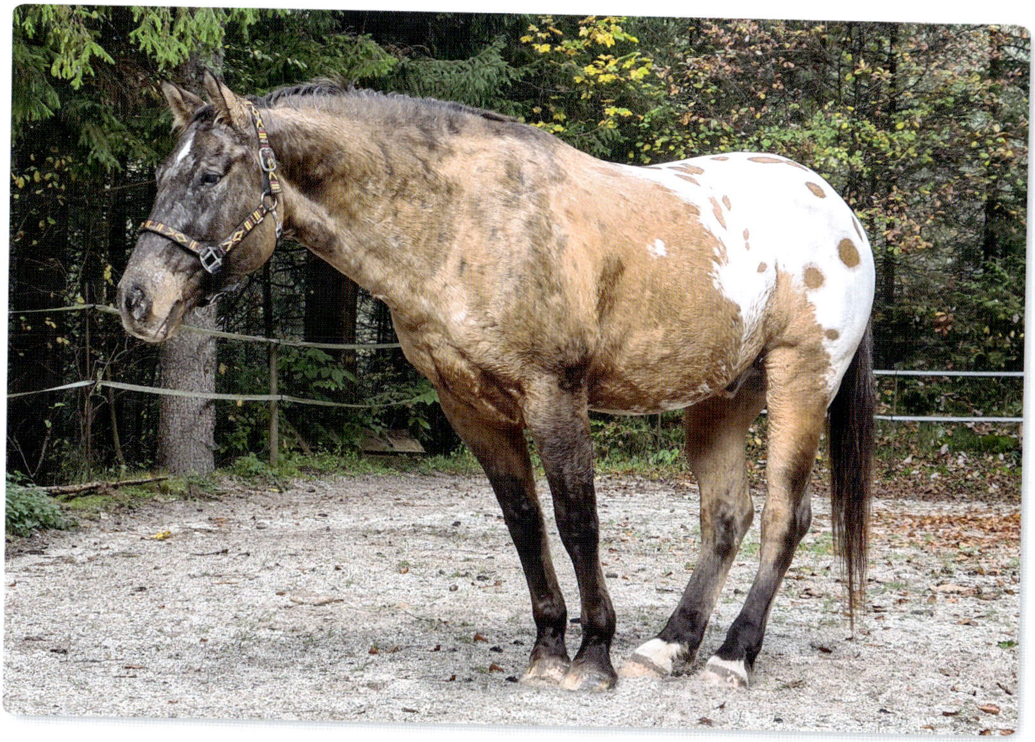

Alle vier Hufe ganz eng beieinander – die Bergziege.

einzelnen Abschnitten wohlfühlen kann. Beim Hinwegfüttern über eine Barriere, wie zum Beispiel eine kleine Mauer, könnt ihr die Übung auch in praktischer Anwendung sehen. Die meisten Pferde sind mit dieser grünen Motivation zu erstaunlichen Verrenkungen fähig. Auch bei der Übung mit allen vieren auf dem kleinen Podest steht das Pferd in der Bergziegenhaltung, ohne dass sie von euch aktiv herbeigeführt wird. Dabei merkt man auch schon wie sehr die Pferde sich ausbalancieren müssen.

Welche Anforderungen stellt die Übung an den Menschen?

Wie bei vielen Übungen, die in kleinen Schritten trainiert werden, braucht ihr auch dabei Geduld und eine gute Beobachtungsgabe, doch die habt ihr mit dem Training sicher schon entwickelt. Hier müsst ihr abschätzen können, ob ihr noch einen Schritt in die Dehnung fordern könnt oder ob euer Pferd dann nach vorne hinaustritt.

Wie wird die Übung trainiert?

Eigentlich ist die Bergziege nur ein Beinesortieren in extremer Form. Euer Pferd muss dafür auf ein Antippen die Hinterbeine nach vorne setzen und zwar so weit, bis es fast an die Vorderhufe kommt. Da das eine sehr starke Dehnung erfordert, versuchen die meisten Pferde dem durch ein Vorsetzen der Vorderbeine zu entgehen. Ihr müsst euren Pferden also klarmachen, dass sie die Vorderhufe stehen lassen sollen. Zum einen könnt ihr das dadurch erreichen, dass ihr die Übung wirklich ganz langsam Schritt für Schritt erarbeitet und euer Pferd so die Möglichkeit hat, sich langsam an diese Dehnung zu gewöhnen. Damit eurem Pferd aber schneller klar wird, was ihr von ihm wollt, könnt ihr zu einem kleinen Hilfsmittel greifen. Ihr legt einfach als kleine Barriere eine Stange direkt vor die Vorderhufe eures Pferdes. Natürlich könnte es nun einfach über die Stange steigen, aber es wird in den allermeisten Fällen zumindest zögern. Das gibt euch die Möglichkeit, ihm zu zeigen, dass es gerade richtig ist, die Hufe am Platz zu lassen, indem ihr es lobt. Stellt euer Pferd also vor die einzelne Stange und fordert es durch touchieren hinten seitlich an einem Hinterbein auf, dieses ein kleines Stück vorzusetzen. Idealerweise habt ihr das Beinesortieren vorher schon ohne die Stange trainiert. Jetzt reicht auch ein Hufbreit vorsetzen. Hat euer Pferd das gemacht, lobt ihr es natürlich, bevor ihr sein Gewicht sachte auf das vorgesetzte Bein schiebt. Das gelingt am besten, indem ihr das Gewicht seitlich an der Schweifrübe zu euch zieht. Hat das Pferd Gewicht aufgenommen, wechselt ihr die Seiten und fordert euer Pferd auf, das andere Hinterbein nach vorne zu setzen. Es reicht aus, wenn es nun beide Hinterbeine nebeneinander hat. Setzt es den Huf noch etwas weiter vor, umso besser.

Versucht nun nicht, sofort weiter nach vorne zu kommen, sondern geht erst mal zum Kopf und belohnt euer Pferd bei gesenktem Kopf mit einem Leckerli. Das Kopfsenken bewirkt noch mehr Dehnung und kann dazu führen, dass euer Pferd wieder nach hinten hinaustritt, also müsst ihr genau beobachten, damit ihr belohnt, wenn es noch untergesetzt steht. Lockt dazu am Anfang den Kopf auch nicht zu weit nach unten. Ihr könnt nun die Übung nach vorne auflösen, entweder indem ihr das Pferd über die Stange treten lasst oder die Stange wegnehmt und das Pferd einfach nach vorne führt.

Je besser ihr den Anfang übt und euer Pferd begreift, dass es vorne stehen bleiben und die Hinterbeine nicht wieder nach hinten herausstellen soll, desto leichter fällt dann die Steigerung. Im weiteren Verlauf fordert ihr euer Pferd auf, die Hinterhufe immer noch ein kleines Stückchen weiter nach vorne zu setzen und dort auch stehen zu lassen. Ob ihr die Übung wirklich so weit ausführt, dass die Hufe ganz eng beieinanderstehen, bleibt euch selber überlassen. Doch bereits das Einige-Schritte-Vorsetzen hilft eurem Pferd bei anderen Übungen wie zum Beispiel dem Hinlegen auf klassischem Weg oder auch dem Podesttraining mit allen vieren.

Wie könnt ihr die Übung weiter ausbauen?

Bei der fertigen Lektion steht euer Pferd mit allen vier Hufen auf ganz engem Raum zusammen. So eng muss es aber gar nicht sein. Hat der Vierbeiner einmal begriffen, was ihr von ihm wollt, und das Beine-Vorsetzen abgespeichert, könnt ihr euch auch ein kleines niedriges Podest aus einer halben Palette basteln und euer Pferd auffordern, die Bergziege auf diesem kleinen Podest zu machen. Die meisten Pferde sehen darin mehr Sinn als bei der »Trockenübung« auf dem Boden und werden sehr schnell begreifen, was ihr von ihnen wollt.

Es geht aber auch der umgekehrte Weg. Wenn euer Pferd nämlich bereits ein kleiner Podestkletterkünstler ist, dann könnt ihr es für die Bergziege am Boden ein wenig überlisten. Dafür nehmt ihr den Belag vom Podest oder alternativ besorgt ihr euch eine Gummimatte mit ähnlichen Abmessungen und ähnlichem Aussehen. Diese legt ihr einfach auf den Boden und fordert euer Pferd auf, auf dieses »Podest« aufzusteigen. Jetzt braucht ihr nur noch ein komplettes »Aufsteigen« mit allen vieren zu fordern und schon habt ihr die Bergziege. Wenn sie es am Podest gelernt haben, ist es für die Pferde nicht relevant, ob es tatsächlich das Podest ist oder nur die Matte. Da das »Aufsteigen« hier ohne Schwung erfolgt, fällt es eurem Pferd zudem leichter, die Hufe ganz eng zueinander zu stellen. Ein Vortreten unterbindet ihr dabei gleich im Ansatz und lobt dann natürlich auch das Ab- beziehungsweise Zurückstellen des Vorderbeins.

32

Das **Plié**

Das Plié ist eine Übung, die ihr sowohl als eigenständige Übung nehmen könnt als auch lediglich als Vorübung für das Kompliment oder gelegentliches Stretching.

Wie soll die Übung aussehen?

Beim Plié verbeugt sich euer Pferd mit gestreckten Vorderbeinen und streckt das Hinterteil in die Luft wie eine Katze, die sich am Morgen räkelt. Genau das machen viele Pferde von selber nach dem Aufstehen oder einfach mal so zwischendurch, um sich zu strecken. Lustigerweise kenne ich einige Pferde, die das oft machen, wenn der Besitzer oder auch schon nur das Auto morgens in Sicht kommt.

Welches Zubehör braucht ihr dazu?

Ihr könnt die Übung frei erarbeiten oder mit Halfter und Führstrick. Zusätzlich braucht ihr lange Karotten, um eure Finger zu schonen.

Wo liegen die Belastungen für das Pferd?

Beim Plié geht das Pferd in eine starke Dehnung, die gerade auf die Rückenlinie und auch auf den Ellbogen einwirkt. Bei Problemen in diesen Bereichen kann euer Pferd Unwohlsein zeigen, obwohl da Dehnungen oft helfen können. Achtet dann sehr darauf, wie weit euer Pferd in die Dehnung gehen kann und fordert nur langsam mehr.

Welche Herausforderung gibt es für das Pferd?

Bei dieser Übung muss sich euer Pferd ziemlich gut dehnen sowie dabei sein Gleichgewicht finden und halten. Das braucht seine Zeit, also geht bei der Dehnung nicht zu schnell vor.

Zudem muss es beim Senken des Kopfes und anfangs auch beim Unter-den-Bauch-Schauen die Übersicht aufgeben. Das fällt besonders ranghöheren Pferden oft schwer. Schließlich geben sie damit einen Teil der Verantwortung ab.

Feivel zeigt das Plié bereits auf ein Handzeichen.

Welche Anforderungen stellt die Übung an den Menschen?

Bei dieser Übung müsst ihr euer Pferd gut beobachten, wie viel mehr Dehnung ihr noch fordern könnt, und es langsam begleiten. Je besser ihr die Übung »Hufe sortieren« geübt habt, desto leichter fällt nun auch diese Lektion. Zudem braucht ihr noch ein wenig Geschick, wenn ihr euer Pferd herunterlocken wollt. Das sieht viel leichter aus, als es dann tatsächlich ist. Es ist auch schon eine gute Vorübung für das Kompliment – nicht nur für das Pferd, sondern auch für euch, da ihr das Locken und diese Bewegung Richtung Boden bereits kennenlernen könnt.

Wie wird die Übung trainiert?

Für diese Lektion gibt es wieder verschiedene Methoden, mit denen ihr zum Ziel kommen könnt. Am einfachsten ist es, wenn ihr euer Pferd mit einer langen Karotte zwischen den Beinen nach hinten-unten lockt. Idealerweise tritt euer Pferd nun bereits beim Nach-unten-Dehnen mit den Hinterbeinen nach hinten raus, um sich die Übung einfacher zu machen und genug Platz zu haben. Achtet allerdings darauf, dass ihr immer eine Verbindung zum Pferdemaul haltet, sonst findet es die Karotte nicht mehr. Das erste Ziel ist zwar, dass sich euer Pferd nach unten dehnt und auch teilweise den Kopf zwischen den Beinen nach hinten nimmt, allerdings nicht gleich beim ersten Mal. Führt euer Pferd langsam in die Dehnung und lasst es bei Teilerfolgen immer mal unten abknabbern.

Achtet ganz extrem darauf, dass ein Vorderbein immer gestreckt bleibt, damit euer Pferd einen stabilen Stand behalten kann. Für die Übung »Plié« soll natürlich auch das andere Vorderbein gestreckt bleiben. Wenn ihr die Übung allerdings nur als Vorübung für das Kompliment verwenden wollt, ist es egal, was euer Pferd mit dem anderen Bein macht. Bei den ersten Versuchen könnt ihr gleich feststellen, wie geschickt euer Pferd ist und ob es kreative Lösungen findet. Da gibt es die Pferde, die mit gestreckten Vorderbeinen dastehen und den Kopf zwischen die Beine stecken, bis sie dann auf Höhe der Augen einfach mal stecken bleiben und nicht mehr weiterkommen. Also geht ein hilfesuchender Blick in Richtung Mensch, nach dem Motto: Geht nicht, also her mit der Belohnung. Bleibt dann die Karottenverlockung unterm Bauch, kommen die Lösungsvorschläge oder das Pferd kommt wieder hoch und gibt erst mal auf. Eine mögliche Lösung ist, dass euer Pferd nun ein Bein weiter zur Seite stellt oder es abwinkelt. Manche Pferde fangen auch an rückwärtszugehen. Schließlich ist die Karotte hinten-unten und wenn der Vierbeiner rückwärtsgeht, müsste die doch irgendwann vorne auftauchen. Leider macht ihr da nicht mit und geht einfach mal mit nach hinten, bis euer Pferd stehen bleibt und abbeißen darf.

Besonders verfressene Vierbeiner schnappen dann auch schon mal schnell nach der Karotte, darum solltet ihr immer ein ausreichend langes Exemplar verwenden. Das Schnappen nach dem Futter ist jetzt keine Unart, sondern sie sehen die Karotte ja nicht und wissen nicht genau, wie sie sie am besten erwischen können. Zudem kommt durch das Aufgeben der Übersicht noch ein kleiner Stressfaktor dazu und sie möchten lieber schnell wieder hochkommen mit dem Kopf, aber natürlich nicht ohne sich vorher noch einen Happen zu holen.

Auch beim Plie hilft das Beine-Auseinanderstellen als vorbereitende Übung.

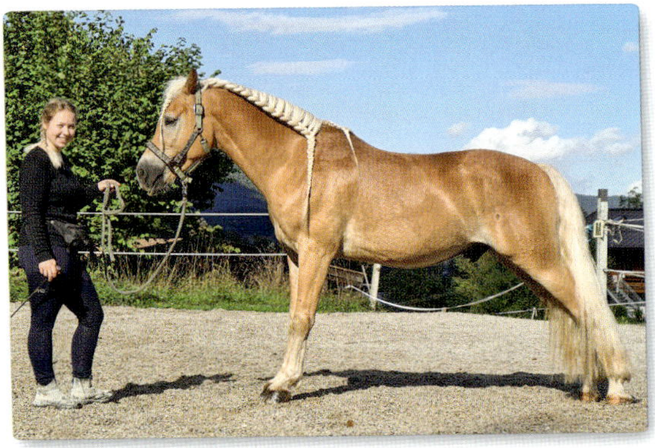

Wenn ihr bei den Vorübungen das Beineauseinanderstellen schon gut geübt habt, dann könnt ihr diese beiden Lektionen ganz toll miteinander verbinden. Hierbei lasst ihr nun euer Pferd die Vorderbeine so weit wie möglich nach vorne stellen, bis es in der Schaukelpferdstellung steht, und lockt es erst dann mit dem Kopf nach unten etwa auf Höhe der Vorderfußwurzelgelenke. Idealerweise sollte es auf allen vieren stehen bleiben oder mit den Hinterbeinen auch noch etwas nach hinten heraustreten und so in die Dehnung kommen. Verlangt am Anfang nicht zu viel, auch wenn euer Pferd übereifrig ist. Es soll langsam in die gestreckte Dehnung gehen, das Gewicht nach hinten verlagern und sich die Karotte abholen. Mit der Zeit führt ihr das Pferd immer weiter in die Dehnung, ohne den Kopf zu weit nach hinten zu locken. Ihr müsst wie bei der anderen Methode auch immer darauf achten, dass die Vorderbeine gestreckt bleiben, damit euer Pferd das Gleichgewicht auch gut halten kann und nicht nach vorne kippt.

Sobald die leichte Dehnung gut klappt, könnt ihr noch eine zusätzliche Hilfe dazunehmen. Legt dazu eine Hand auf das Buggelenk und gebt eurem Pferd beim Heruntergehen einen leichten Rückwärtsimpuls. Das ist dann auch die Hilfe, die für das Plié übrig bleibt. Sie vermittelt eurem Pferd in diesem Übungsabschnitt noch etwas mehr die Idee, dass es sich nach hinten wiegen soll. Wenn ihr merkt, dass euer Pferd nach dem Aufstellen schon wartet, dass ihr es mit dem Leckerli oder der Karotte nach unten lockt oder schon anfängt, sich nach hinten-unten zu dehnen, dann unterstützt ihr es mit der leicht schiebenden Hand am Buggelenk und gebt ihm das Leckerli ohne zu locken unten und später erst nach dem Aufstehen als Belohnung.

Wie könnt ihr die Übung weiter ausbauen?

Bisher habt ihr noch kein Kommando dazu gegeben, aber die Übung könnt ihr auch sehr gut mit

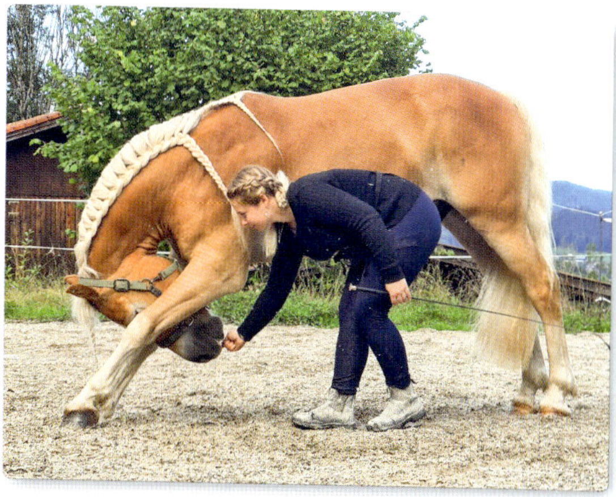

Sammy zeigt es, während er heruntergelockt wird, bereits sehr schön.

einem Wortsignal begleiten oder das auch als alleiniges Signal geben. Der richtige Zeitpunkt ist, wenn euer Pferd die Übung weitgehend verstanden hat und die Bewegung bereits sicher ausführt. Zu dem Zeitpunkt gebt ihr nun ein Kommando zum Beispiel »Plié« dazu und löst die Übung auch mit einem weiteren Kommando »Auf« wieder auf. Bis hier eine Verknüpfung entsteht, dauert es natürlich wieder ein Weilchen.

Die Übung unter dem Reiter

Das Plié unter dem Reiter ist für das Pferd sehr anstrengend. Darum solltet ihr es nicht zu oft fordern und auch nur, wenn euer Pferd sehr sicher im Plié an der Hand ist und keine gesundheitlichen Probleme hat. Im Gegensatz zum Kompliment stützt sich das Pferd im Plié nicht mit einem Bein am Boden ab und muss so das gesamte Gewicht frei tragen. Idealerweise kennt euer Pferd die leicht schiebende Hilfe am Buggelenk und ein Wortkommando. Wenn ihr nun einen Helfer habt, gibt der die Hilfe mit der Hand und ihr gebt von oben das Wortkommando. Dabei bleibt ihr gerade sitzen und kippt möglichst nicht nach vorne, damit euer Pferd keine zu starke zusätzliche Belastung auf den gestreckten Vorderbeinen hat.

33

Das **Kompliment**

Das Kompliment ist die Basis der defensiven Lektionen und schaut, wenn es gekonnt gezeigt wird, sehr einfach aus. Wer aber schon einmal versucht hat, einem Pferd das Kompliment beizubringen, der weiß, dass es das ganz und gar nicht ist. Das Kompliment ist eine sehr komplexe Übung und es braucht seine Zeit, bis sie ganz frei, ohne Hilfestellung gezeigt werden kann.

VIDEO

Auf diesem Clip sieht man, wie das Pferd optimal **fürs Kompliment vorbereitet** wird.

Wie soll die Übung aussehen?

Beim Kompliment verbeugt sich euer Pferd mit einem gestreckten und einem stützenden, abgewinkelten Bein. Dabei soll das stützende Bein mit dem Unterarm gerade zum Boden sein und die Last aufnehmen, während das gestreckte Bein die Balance hält. Der Kopf ist beim fertigen Kompliment nicht eingerollt, sondern in einem Bogen mittig neben dem gestreckten Bein.
Das Pferd geht dabei auf ein Wortsignal oder/und eine Touchierhilfe am Röhrbein in das Kompliment.

Welches Zubehör braucht ihr dazu?

Das kommt darauf an, mit welcher Methode ihr das Kompliment trainieren wollt. Auf jeden Fall braucht ihr Leckerlis und Karotten, Halfter und Führstrick, später eine Gerte und eventuell eine Fußlonge, aber dazu später mehr. Für das Erlernen des Kompliments mit dem Zügel braucht ihr noch einen Strick, den ihr auf beiden Seiten des normalen Stallhalfters einhängen könnt, oder geschlossene Zügel. Ich rate davon ab, zum Erlernen die Trense oder auch eine »schärfere« gebisslose Zäumung zu verwenden, denn dann kann es vorkommen, dass ihr versucht, über den Widerstand des Pferdes drüberzugehen und versehentlich zu stark einwirkt, was schmerzhaft wird und dem Pferd gegenüber unfair ist.

Wo liegen die Belastungen für das Pferd?

Beim Kompliment liegen die meisten Belastungen für den Körper eures Pferdes auf dem Schulter-, Ellbogen- und Vorderfußwurzelgelenk, die gedehnt und beim Stützen belastet werden. Bei Problemen in diesen Bereichen ist Vorsicht geboten, ebenso bei Sehnenproblemen an der Vorhand. Hier könnt ihr das Kompliment zwar

Auch alte Pferde können noch von Übungen wie dem Kompliment profitieren – Cisco mit 30 Jahren im freien Kompliment.

ausführen, indem ihr das Bein mit dem Sehnenproblem als gebeugtes stützendes Bein nehmt und die Lektion nur auf dieser Seite ausführt. Allerdings sollte euer Pferd das Kompliment dann schon können, damit es nicht zu unkoordinierten Bewegungen kommt. Das Sprunggelenk wird beim Kompliment gestreckt, sodass es bei Erkrankungen in diesem Bereich auch besser mit Vorsicht ausgeführt wird. Bei Pferden mit Rückenproblemen solltet ihr darauf achten, dass euer Pferd nicht ins Hohlkreuz geht, indem es zu tief absinkt. Das gilt zwar allgemein, aber besonders bei Pferden mit einer Problematik in diesem Bereich.

Welche Herausforderung gibt es für das Pferd?

Jedes Pferd kann ein Kompliment. Wenn wir jetzt einen Zaun aufstellen und Gras dahinter pflanzen, kann nicht nur jedes Pferd sofort ein Kompliment, sondern noch ganz andere erstaunliche Verrenkungen. Auch beim Raufspiel von meist jungen Hengsten oder Wallachen könnt ihr das Kompliment beobachten, und hier seht ihr auch bereits die »Hilfe« zur Übung. Die beiden Kontrahenten versuchen sich nämlich gegenseitig ins Röhrbein zu beißen, das daraufhin weggezogen wird. Genau dort würde auch die Gertenhilfe ansetzen, was manchmal eine echte Versuchung für euer Pferd sein kann, jetzt auch mal mit dem Menschen zu »spielen«. Beim Raufspiel versucht einer der beiden Raufbolde den anderen in die »Knie« zu zwingen und ihn auch unten zu halten.

Das gelingt meistens nicht lange und schon ist der andere wieder oben und es geht weiter. Aufgrund dessen wird das Kompliment vielfach mit Unterordnung in Verbindung gebracht. Manchmal findet man auch noch die Meinung, dass das Pferd auf jeden Fall nach unten muss und auch unten bleiben muss. Leider wird das oft mit übermäßigem Druck versucht, statt dem Pferd die Mitarbeit anzubieten und die Übung vernünftig zu erklären. Niemand verliert, wenn euer Pferd ganz viele kleine Versuche braucht, bis es sich ganz nach unten traut. Schließlich seid ihr nicht in Kampfhandlungen verstrickt und es gibt keine Gewinner, aber mitunter nur Verlierer.

Was alle diese »natürlichen Komplimente« gemeinsam haben ist, dass sie nur in einem sicheren Umfeld ausgeführt werden. Pferde fressen, liegen, spielen oder auch raufen nur, wenn sie die Umgebung als sicher einschätzen, ansonsten bleibt keine Zeit für solche Aktivitäten. Jetzt fordert der Mensch das erlernte Kompliment aber oft in einer Umgebung, in der das Pferd sich nicht allzu sicher oder auch abgelenkt fühlt und so liegt es am Menschen, seinem Pferd durch seine Gegenwart diese Sicherheit zu vermitteln. Beim Kompliment auf Kommando muss euer Pferd wie beim Plié auch sehr in die Dehnung gehen und dabei die Balance halten.

Erschwerend für euer Pferd kommt hinzu, dass es ein Bein abknicken muss und so auf drei Beinen nach unten gehen soll. Mental sind schon das Hochheben und Festhalten eines Beines für ein Fluchttier keine so einfache Sache, was jeder weiß, der das schon einmal einem Pferd beigebracht hat. Jetzt muss es sich außerdem noch auf drei Beinen in der Bewegung ausbalancieren.

Zudem muss euer Pferd auch noch einen guten Teil seiner Übersicht und Rundumsicht aufgeben. Also ist das Kompliment mental und körperlich eine sehr anspruchsvolle Übung, für die ihr eurem Pferd auch genügend Zeit lassen müsst.

Welche Anforderungen stellt die Übung an den Menschen?

Das Kompliment stellt auch für den Menschen hohe Anforderungen an die Koordination und, da ihr eurem Pferd doch recht umfangreiche Hilfestellung geben müsst, auch an euer Gleichgewicht. Ihr müsst mit beiden Händen unterschiedliche Dinge ausführen und euer Pferd trotz der Nähe gut im Auge behalten und anleiten. Die Übung könnt ihr so kleinschrittig aufbauen, dass ihr mit eurem Pferd zusammen lernen könnt.

Wie wird die Übung trainiert?

Ich beschreibe das Kompliment von der linken Seite aus, weil das den meisten Menschen und Pferden am Anfang leichter fällt. Die andere Seite solltet ihr erst üben, wenn die Bewegung links schon mit Hilfestellung abrufbar ist, sonst könnte euer Pferd schnell durcheinanderkommen. Das Wichtigste beim Training zum Kompliment ist die richtige Vorbereitung. Wenn ihr mit eurem Pferd bereits das Beinesortieren oder das Plié geübt habt, dann könnt ihr das schon als Vorbereitung für das Kompliment verwenden. Je weiter auseinander euer Pferd vorher aufgestellt ist, desto leichter fällt ihm dann in der Folge auch das Kompliment.

Das Kompliment ist eigentlich eine Rückwärtsbewegung, denn euer Pferd braucht genug Platz unterm Bauch, um sich richtig absenken zu können. Da es aber sehr schwierig für euer Pferd ist, mit hochgenommenem Vorderbein mit beiden Hinterbeinen nach hinten herauszutreten und dabei im Gleichgewicht zu bleiben, erleichtert es ihm die Sache, wenn ihr das Sortieren vorher übernehmt. Idealerweise habt ihr das mit dem Vorstellen der Vorderbeine schon gut erarbeitet und euer Pferd macht das ganz brav auf Kommando. Wenn ihr das noch nicht geübt habt, gibt es trotzdem noch Möglichkeiten die Beine auseinanderzubringen.

Für die erste Methode braucht ihr einen Helfer, der das rechte Bein eures Pferdes nimmt und möglichst weit nach vorne stellt. Am besten nimmt euer Helfer das Bein in der Fesselbeuge und führt es so nach vorne. Natürlich lässt das Pferd das Bein dort nicht stehen. Dafür müsst ihr beziehungsweise euer Helfer das Pferd dazu bringen, auf diesem Bein Gewicht aufzunehmen. Das erreicht ihr am einfachsten, indem euer Helfer dem Pferd auf Höhe des Fesselgelenks ein Leckerli anbietet und es sachte anlockt. Ihr steht jetzt auf der linken Seite eures Pferdes auf Schulterhöhe mit Blick zum Pferdekopf. Sobald ihr merkt, dass euer Pferd sein Gewicht verlagert, nehmt ihr das linke Bein hoch, bis das Röhrbein parallel zum Boden ist.

Der Vorteil der zweiten Methode ist, dass ihr keinen Helfer dazu braucht, dafür aber einen Vierbeiner, der sich gut verschieben lässt. Ihr stellt nun euer Pferd so auf, dass es bereits möglichst weit mit den Vorder- und Hinterbeinen auseinander steht. Das könnt ihr durch ein Vor- und Zurücktreten erreichen. Meistens reicht das aber noch nicht ganz aus. Das letzte Stückchen Stretching erreicht ihr dadurch, dass ihr euer Pferd mit der Vorhand nach links überkreuzen lasst. Dabei tritt es mit dem rechten Bein vor das linke Bein und wenn ihr nun das linke Bein hochnehmt, steht das rechte schon ein gutes Stück weiter vorne. Die Schwierigkeit dabei ist, dass euer Pferd mit der Hinterhand stehen bleiben muss, sonst wird keine Streckung daraus. Für die ersten Versuche müsst ihr anschließend das linke Vorderbein hochhalten. Das könnt ihr mit der Hand am Röhrbein machen oder mit einer Fußlonge.

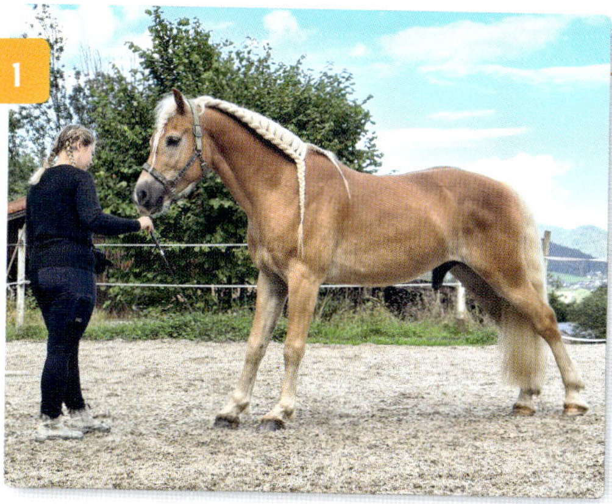

Sammy zeigt hier das Aufstellen für das Kompliment.

Das Bein wird mit der Hand hochgehalten und das Pferd gerade unter den Bauch gelockt.

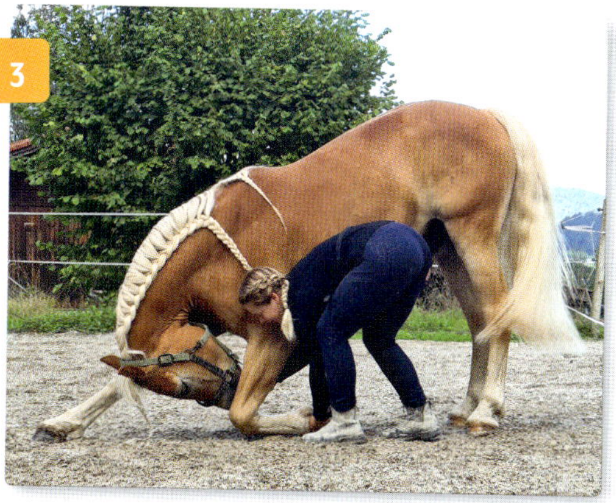

Beim abgelegten Bein wird er belohnt.

Belohnt das Pferd noch einmal, wenn es den Kopf vorne hat.

Bei nicht ganz so großen und schweren Pferden oder auch Pferden, die sich schon sehr gut selber ausbalancieren und wenig Belastung auf das Bein bringen, könnt ihr das Bein mit der Hand festhalten. Das hat den Vorteil, dass ihr den Umgang mit der Longe nicht erlernen müsst und ihr eurem Pferd mehr Stabilität geben könnt. Der Nachteil liegt mehr bei euch als bei eurem Pferd. Die Haltung ist doch recht belastend für euren Rücken, vor allem in der Stellung kurz über dem Boden. Außerdem besteht natürlich eine Verwechslungsgefahr mit dem Auskratzen der Hufe, die ihr jedoch minimieren könnt, wenn ihr euch beim Kompliment immer nach vorne und beim Hufeauskratzen nach hinten wendet. Etwas anders sieht es bei sehr großen oder schweren Pferden aus, die ihr körperlich oft nicht mehr gut genug unterstützen könnt, wenn ihr es mit der Hand versucht. Da hilft die Fußlonge, die Kraft besser zu verteilen und das Pferd zu unterstützen. Die Fußlonge ist dabei lediglich ein Hilfsmittel, um das Bein oben zu halten und nichts anderes. Sie ist auf keinen Fall ein Zwangsmittel, um das Pferd in diese Haltung zu zwingen oder unten zu halten.

Natürlich nehmt ihr nun nicht einfach die Fußlonge und fesselt euer Pferd damit. Die meisten Pferde gewöhnen sich aber sehr schnell daran.

Zuerst nehmt ihr die Longe an beiden Enden und hebt das linke Bein damit hoch und schaukelt ein wenig hin und her. Ein Helfer, der dem Pferd dabei ein Leckerli gibt, wenn es ruhig bleibt, ist an dieser Stelle ganz nützlich. Da die Schlinge offen ist, könnt ihr sie einfach fallen lassen, sollte euer Pferd sehr unruhig sein, was aber selten vorkommt. Klappt das gut, könnt ihr den Huf in die Schlinge stecken und sie in der Fesselbeuge festziehen. Die Schlaufe könnt ihr dabei auch mit einem Plüschbezug polstern. Jetzt wiederholt ihr das Schaukeln und setzt das Bein dann wieder ab. Um das Hochhalten zu erleichtern, führt ihr nun die Longe vom Bein über den Rücken und nehmt das Ende der Longe unter dem Bauch wieder in die Hand. Durch die Hebelwirkung könnt ihr so auch ein sehr schweres Pferd gut halten.

Für den nächsten Schritt nehmt ihr das linke Bein mit der linken Hand an der Longe hoch und zieht mit rechts die Longe unter dem Bauch fest, sodass das Bein mit dem Röhrbein wieder parallel zum Boden ist. Manche Pferde werden unruhig und versuchen, das Bein nach vorne wegzuziehen. Das ist nicht schlimm, ihr müsst ihm nur erklären, dass es das Bein gerade lassen soll. Dazu legt ihr die Hand auf den Unterarm und haltet es ruhig. In dem Moment, wenn euer Pferd nicht mehr nach vorne zieht, streichelt und lobt ihr es und ein Helfer reicht ein Leckerli, damit es auch sicher sein kann, dass das genau das gewünschte Verhalten ist. Jetzt wechselt ihr die Hände und haltet die Longe, die vom Bauch kommt, mit der linken Hand fest.

Um das Bein etwas mehr zu fixieren und eurem Pferd so auch etwas mehr Sicherheit zu vermitteln, könnt ihr mit dem Daumen der linken Hand noch zusätzlich die vom Bein kommende Longe mit festhalten. Der nächste Schritt ist die Rückwärtsbewegung, die ihr auf verschiedenen Wegen erreichen könnt. Sobald das Pferd anfängt, sich rückwärts zu bewegen, müsst ihr unbedingt darauf achten, dass das gestreckte Bein auch gestreckt bleibt. Sollte euer Pferd das stützende Bein abwinkeln, kann es sich nur schwer halten und wird eher die Bewegung abbrechen.

Ihr könnt das auch einmal selber versuchen, indem ihr euch mit dem Rücken an eine Wand lehnt und mit gestreckten Beinen schräg dagegen stemmt. Das könnt ihr bestimmt sehr lange halten, aber sobald ihr die Beine nun rechtwinklig abbiegt wie auf einem Stuhl, sieht die Sachen gleich anders aus. Das wird nämlich sehr anstrengend und genauso geht es eurem Pferd.

Bei der »klassischen« Methode habt ihr das Pferd mit Halfter und Zügel und der Fußlonge ausgestattet. Die Rückwärtsbewegung wird hier durch den Zügel erreicht. Euer Pferd muss dafür bereits sehr gut und vor allem leicht und sicher auch in Stresssituationen durch den Zügel rückwärtszurichten sein. Ihr habt nun also das in weiter Grundstellung aufgestellte Pferd mit an der Fußlonge hochgenommenem Bein und möglichst einem Helfer, der rechts am Kopf des Pferdes steht. Mit der linken Hand haltet ihr die Fußlonge und mit der rechten greift ihr den Zügel etwa auf Widerristhöhe. Jetzt verlangt ihr von eurem Pferd, dass es sich rückwärts bewegt. In dem Moment, wenn es das tut, reicht euer Helfer ein Leckerli und zwar möglichst in der Bewegung nach hinten. So kann euer Pferd leichter erkennen, was genau ihr von ihm wollt.

Die Rückwärtsbewegung muss nun nicht gleich ein Schritt nach hinten heraus sein, bereits eine Gewichtsverlagerung nach hinten ist eine Belohnung wert. Idealerweise bleibt euer Pferd ruhig, kommt mit jeder Bewegung etwas weiter nach hinten-unten und tritt dann auch schon ein bis zwei Schritte nach hinten heraus. Damit macht es sich Platz, um gut bis ganz nach unten zu kommen. Die Bewegung nach unten wird von eurem Helfer begleitet, der jedes Mal beim Zurückgehen ein Leckerli reicht. Geht dabei nicht zu schnell vor und versucht auch nicht euer Pferd einfach nach hinten zu ziehen. Das führt sonst schnell zu Gegenwehr und einer Flucht nach vorne oder oben. Euer Pferd muss sich langsam in die Bewegung einfühlen können und seine Balance finden. So kann es sich wirklich in Zehn-Zentimeter-Schritten nach hinten tasten. Achtet darauf, dass ihr immer dicht am Pferd steht und es seitlich abstützen könnt. Das gibt ihm Sicherheit.

Wenn ihr so weit seid, dass euer Pferd mit dem Vorderknie und Röhrbein den Boden berührt, lasst ihr die Longe und die Zügel los und euer Helfer belohnt euer Pferd reichlich mit Leckerlis, damit es unten ausatmet und idealerweise etwas dort verharrt. Es ist aber auch nicht schlimm, wenn es gleich wieder hochkommt. Mit zunehmender Routine wird es von ganz alleine ruhiger werden und länger unten bleiben. Bei der Methode mit dem Zügel ist die Hand am Bein sehr umständlich, weil ihr den Zügel nicht gerade nach hinten führen könnt, wenn ihr gleichzeitig das Bein mit der Hand haltet. So könnt ihr schwer präzise einwirken.

Bei den anderen Methoden ist die Hand am Bein auch eine gute Möglichkeit, wenn ihr euer Pferd so halten und unterstützen könnt. Viele Pferde fühlen sich auf diese Weise sicherer, weil sie von euch mehr und stabiler gestützt werden und weniger selber halten müssen. Alternativ könnt ihr das Rückwärts auch mit dem Halsring erreichen, wenn ihr das vorher mit eurem Pferd schon gut geübt habt. Mit dem Halsring oder Seil habt ihr weniger Möglichkeiten, auf euer Pferd Einfluss zu nehmen, und seid mehr auf seine Mitarbeit angewiesen. Aber viele Pferde weichen auf den Druck unten am Hals besser zurück und fühlen sich nicht so eingeengt.

Jetzt gibt es aber auch Pferde, die in Stresssituationen nicht mehr sicher rückwärtsgehen, weil sie viel zu angespannt sind. Sich auf drei Beinen zu bewegen zählt da auf jeden Fall zu den Stresssituationen. Ihr erkennt das sehr gut daran, dass euer Pferd bei der Anfrage zur Rückwärtsbewegung

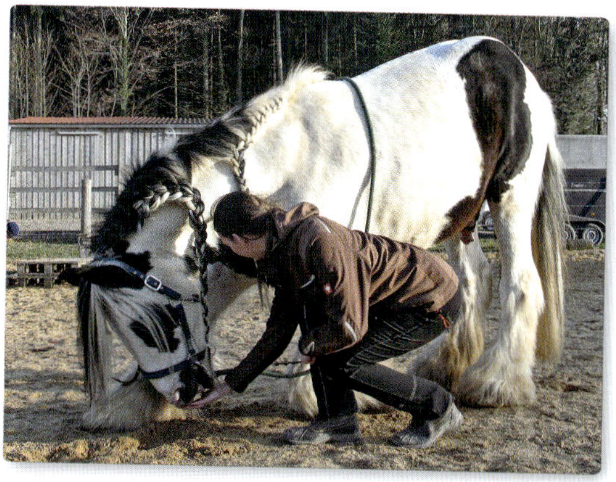

Ihr könnt mit dem Herunterlocken aufhören, behaltet aber das Belohnen unten noch länger bei, um das Verharren für das Pferd angenehmer zu machen.

den Kopf hochnimmt und den Unterhals herausdrückt. So kann es sich nicht gut nach hinten bewegen, blockiert und wird eher den Ausweg nach vorne oder sogar oben nehmen. Hier dürft ihr auf keinen Fall mehr Druck ausüben!

Stattdessen kommt jetzt die lange Karotte zum Einsatz. Eine lange Karotte ist einem Leckerli vorzuziehen, denn sie schont eure Finger ganz ungemein. Ihr stellt euer Pferd wieder sehr gut gestreckt auf. Je weiter auseinander die Vorder- und Hinterbeine sind, desto besser. Dann nehmt ihr wieder das linke Vorderbein hoch, entweder mit der Fußlonge oder mit der linken Hand. Das Röhrbein sollte auch hier parallel zum Boden sein. In der freien rechten Hand habt ihr die lange Karotte und lockt euer Pferd damit gerade unter den Bauch wie beim Plié. Ein kleines Stückchen reicht und euer Pferd darf als Belohnung auch etwas abbeißen. Bei gestrecktem Vorderbein lockt ihr euer Pferd nun stückweise immer etwas weiter nach unten. Achtet darauf, dass es nicht zu schnell nach hinten geht, um nach der Karotte zu schnappen. Gerade sehr verfressene Vierbeiner neigen dazu, die Karotte ohne Rücksicht auf Verluste zu verfolgen. Bei denen müsst ihr die Bewegung eher abstoppen, als dass ihr sie gleich annehmt und das Pferd komplett nach unten holt.

Mit der Fußlonge wird das Bein lediglich hochgehalten – Feivel kennt es bereits ohne ein Herunterlocken oder eine Zügelhilfe.

Genau wie mit dem Zügel holt ihr nun euer Pferd langsam immer weiter nach unten, bis es sich mit dem angewinkelten Röhrbein aufstützt. Die Longe lasst ihr locker, sobald das Pferd unten ist. Haltet ihr das Pferd mit der Hand fest, könnt ihr den abgewinkelten Huf schon etwas früher ablegen, was dem Pferd hilft, weil es bereits Bodenkontakt hat. Dann darf es auch die ganze Karotte bekommen und mit der im Maul aufstehen. Die eher eingerollte Kopf- und Halsstellung ist nur eine Übergangshaltung und wird genauso Stück für Stück abgebaut wie beim Zügel. Bei allen Methoden ist gleich, dass euer Pferd genug Platz unterm Bauch braucht, um wirklich gut ins Kompliment zu gehen. Sollte euer Pferd damit Schwierigkeiten haben, liegt es meistens daran, dass es sich noch nicht traut, mit den Hinterbeinen etwas nach hinten herauszutreten. Das müssen sie erst langsam lernen und sich herantasten. Ihr könnt ihm in dieser Situation mit dem korrekten Aufstellen ganz viel helfen.

Manche Pferde bleiben dann auch bei dieser Aufstellung und stellen sich selber so hin, andere fangen mit zunehmender Sicherheit an, mit den Hinterbeinen aktiver zu werden. Inzwischen habt ihr nun ein Pferd, das durch Locken oder Rückwärtsimpuls bereits mit viel Unterstützung in ein Kompliment geht. Als nächsten Schritt müsst ihr ihm zu mehr Selbstständigkeit verhelfen. Im ersten Fall baut ihr schrittweise die Zügelhilfe ab. Ihr werdet merken, dass euer Pferd das Hochnehmen des Beins, egal ob mit der Longe oder mit der Hand, bereits als Signal zum Kompliment sieht und mit der Übung beginnt. Normalerweise ist ein Vorwegnehmen nicht so sehr erwünscht, aber in diesem Fall hilft es euch sehr viel weiter.

Wenn ihr das Kompliment so weit mit dem Zügel erarbeitet habt, wird euer Pferd anfangen, sich in die Rückwärtsbewegung zu begeben, sobald ihr das Bein hochgenommen habt. Ihr braucht es nur noch ein wenig mit dem Zügel anzustupsen oder es auch mal zwischendurch an das Rückwärts zu erinnern, bis es schließlich ganz ohne Zügel ins Kompliment geht und ihr es nur noch durch das hochgenommene Bein unterstützt. Natürlich gibt es unten weiterhin die tolle Belohnung. Auch wenn ihr das Kompliment mit dem Herunterlocken trainiert habt, wird euer Pferd bald anfangen, die Bewegung vorwegzunehmen. Wie immer gilt: Je besser es dabei aufgestellt ist, desto schneller kommt euer Pferd komplett auf den Boden. Natürlich nehmt ihr die verlockende Belohnung nicht sofort komplett weg, sondern reduziert sie ganz langsam, indem ihr euer Pferd möglichst weit von sich aus heruntergehen lasst. Sobald es dann stockt oder gar wieder nach oben will, haltet ihr ihm die Karotte erneut vor die Nase und lockt es weiter. Mit der Zeit wird euer Vierbeiner immer weiter nach unten gehen, ohne dass ihr ihn locken müsst.

Unten angekommen, schaut ihr, dass ihr eurem Pferd die Belohnung vorne beim Fesselgelenk geben könnt, solange es noch im Kompliment ist. Wahrscheinlich wird das anfangs nicht sofort gelingen, aber sobald euer Pferd festgestellt hat, dass es mit gestrecktem Hals noch etwas Leckeres zu futtern gibt, wird es auf die Belohnung warten. Die Bewegung des Kompliments ist jetzt bereits abrufbar und es ist Zeit für ein Kommando dazu. Sobald ihr also das Bein hochgenommen habt, sagt ihr »Kompliment« dazu und wiederholt das, bis das Pferd ins Kompliment geht. Auch für das Aufstehen gibt es ein Kommando, das ihr in dem Stadium verwenden könnt. Mit »Auf« entlasst ihr euer Pferd aus der Übung, egal, ob ihr es aufstehen lasst oder es von sich aus aufsteht. Anfangs begleitet das Kommando einfach die Bewegung.

Meistens kommt es in dem Stadium zu einer kleinen Nebenwirkung. Euer Pferd verbindet nun das hochgenommene Bein mit dem Absenken ins Kompliment. Zur Vorbeugung, damit es zu keinen Verwechslungen kommt, stellt ihr euch beim Kompliment mit Blickrichtung zum Pferdekopf auf, während ihr beim Hufeauskratzen die Blickrichtung zum Schweif habt. Dennoch versuchen viele Pferde bei hochgenommenem Bein irgendwann mal ins Kompliment zu gehen. Schließlich gibt es dafür eine Belohnung. Das könnt ihr ganz einfach unterbinden, indem ihr den Huf wieder auf den Boden stellt – stellt und nicht fallen lasst! – und so eurem Pferd die Unterstützung entzieht. Leider neigen Menschen dazu, in Stresssituationen das festzuhalten, was sie gerade in der Hand haben, und geleiten so ihr Pferd mit schöner Hilfestellung nach unten.

Jetzt fehlt noch ein Stückchen zum fertigen Kompliment und zwar das hochgenommene Bein. Bisher habt ihr das für euer Pferd übernommen und so meint es, dass ein Hochheben ausreicht. Es hat sein Bein noch nicht selber hochhalten und nach hinten führen müssen, so ist das Obenhalten für den Vierbeiner auch kein Bestandteil der Übung. Vielmehr würde es auf Aufforderung einfach mal das Bein hochnehmen, wieder absetzen und rückwärtsgehen und sich dann wundern, warum es nicht nach unten kommt. Für den nächsten Schritt müsst ihr eurem Pferd helfen, das Bein selber hochzuhalten und es langsam von eurer Hilfe unabhängig machen. Dafür braucht ihr nun eine nicht allzu lange Gerte, die ihr etwa zehn Zentimeter hinter dem Knauf anfasst. Mit dem Gertengriff klopft ihr sachte ans Röhrbein und wenn euer Pferd daraufhin das Bein anhebt, platziert ihr es auf dem Gertengriff. Bei den ersten Versuchen

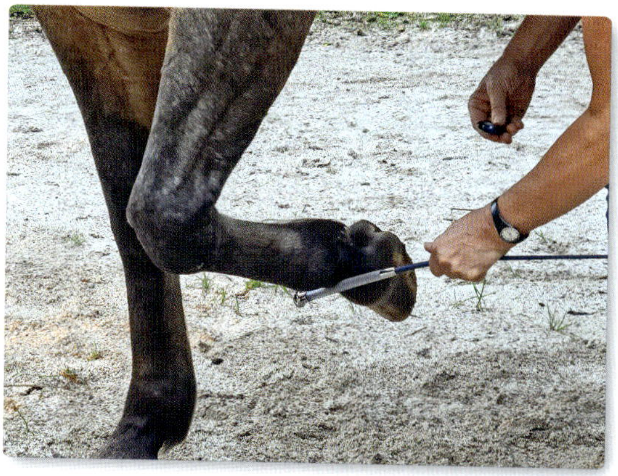

Zur Umstellung auf eine Gertenhilfe wird die Gerte immer weiter in Richtung Spitze gehalten und damit immer flexibler.

könnt ihr auch noch die Hand zu Hilfe nehmen, damit es auch dort bleibt. So haltet ihr das Bein oben und begleitet euer Pferd nach unten. Das ist anfangs nicht ganz einfach, denn euer Pferd muss das Bein ruhig auf dem Gertengriff liegen lassen und ihr könnt ihm damit etwas weniger Unterstützung geben, als mit der Hand oder der Longe.

Je sicherer euer Pferd in der Übung wird, desto mehr reduziert ihr die Unterstützung, die ihr ihm gebt. Dazu fasst ihr die Gerte immer weiter in Richtung Gertenspitze an, sodass die Gerte immer flexibler wird. Damit muss euer Pferd langsam mehr selber machen, aber ihr entzieht ihm nicht sofort die komplette Unterstützung, sondern begleitet es in die Selbstständigkeit. Schließlich dreht ihr die Gerte um und touchiert nur noch leicht das Röhrbein, bis euer Pferd im Kompliment ist. Es kann nun sein, dass es mit gut erhobenem Bein ins Kompliment geht und die Gerte sozusagen das Bein den ganzen Weg nach hinten-unten hochhält oder auch, dass euer Pferd das abgewinkelte Bein einfach nach hinten schiebt und so nach unten kommt.

Bei der zweiten Version kann es vorkommen, dass sich ein kleiner Sandhügel vor dem Huf aufschiebt. Wenn ihr so ein Pferdchen wie meinen Carlito habt, dann stoppt es und schaut euch an, nach dem Motto »Es geht nicht«. Also schiebt ihr einfach mit dem Fuß den Sandhügel weg und schon ist euer Pferd unten. Welche Version euer Pferd bevorzugt, ist einfach persönlicher Stil. Manche Pferde stocken auch auf halbem Weg und wissen nicht weiter, obwohl sonst alles gut klappt. Dann hilft es weiter, wenn ihr einfach mit eurem Fuß unter den angewinkelten Huf geht und ihn leicht anhebt, eventuell noch ein wenig nach hinten schiebt, und dann geht es auch schon nach unten.

Wie könnt ihr die Übung weiter ausbauen?

Sobald euer Pferd im Kompliment seine Balance gefunden hat und auf die Gertenhilfe reagiert, kommt der nächste Schritt – das Untenbleiben. Voraussetzung dafür ist, dass euer Pferd im vollendeten Kompliment eine bequeme Position gefunden hat, die es auch halten kann. Vorher ein Verharren zu verlangen, wäre sehr unfair. Das Unten-Füttern behaltet ihr noch eine ganze Weile bei, um für euer Pferd im Kompliment eine angenehme und belohnende Atmosphäre zu schaffen und um zu verhindern, dass es sich anspannt und die Luft anhält. Um nun ein Verharren zu fördern, führt ihr zunächst eine »neue« Hilfe ein. Zum Absenken ins Kompliment touchiert ihr wie gehabt das Röhrbein sachte mit der Gerte, bis euer Pferd mit dem abgewinkelten Bein am Boden ankommt. Dann haltet ihr die Gerte einfach an den Unterarm. Das wirkt wie eine kleine Barriere und verzögert oder verhindert ein verfrühtes Aufstehen. Mit dem Kommando »Auf« nehmt ihr auch die Gerte weg. Das gilt außerdem, wenn das Pferd von sich aus aufstehen sollte.

Doch wie könnt ihr nun das Untenbleiben verlängern? Dafür braucht ihr ein Pferd, das sich wieder ins Kompliment holen lässt, aber das habt ihr mit dem Touchieren bereits erreicht. Sollte euer Pferd nun ungewollt aufstehen, so nehmt ihr die Gerte vom Unterarm weg und touchiert sofort wieder das Röhrbein. Das Wichtige daran ist, dass euer Pferd nicht zu hoch aufstehen kann, bevor es wieder ins Kompliment geht. Dieses wenig hohe Aufstehen ist nämlich sehr anstrengend und das erneute Absinken die angenehmere Alternative. Natürlich wird es dann auch sofort wieder ausgiebig gelobt, belohnt und die Gerte wieder angelegt. Bei den ersten erfolgreichen Versuchen reicht ein anschließendes kurzes Verharren, bevor ihr die Übung mit dem Kommando »Auf« auflöst. Vielleicht habt ihr aber auch einen etwas hartnäckigeren Vierbeiner, der das Untenbleiben noch nicht einsieht. Dann könnt ihr ihn auch noch ein zweites oder drittes Mal nach unten holen, aber schaut immer, dass ihr die Übung mit einem Lob auflöst, bevor euer Pferd streikt. Das Verharren dehnt ihr einfach langsam immer länger aus.

Die ganz kooperativen Vierbeiner erlernen das Kompliment vielleicht auch noch auf reine Stimmhilfe. Mein Cisco macht das, wenn er gerade sehr motiviert ist, aber manchmal lässt er sich auch ganz gerne ein wenig bitten.

Die Übung unter dem Reiter

Das Kompliment unter dem Reiter habt ihr sicher bereits auf etlichen Shows gesehen. Sobald euer Pferd sicher in der Übung ist und keine Balanceprobleme mehr hat, könnt ihr es auch einmal vom Sattel oder auch ohne Sattel versuchen. Vom Pferderücken aus ist es nicht einfach, richtig zu touchieren beziehungsweise zu treffen. Für euer Pferd ist es daher eine besondere Herausforderung zu erkennen, was ihr von ihm wollt. Da die Hilfe nicht präzise ankommt, muss es sie mit der Stimmhilfe kombinieren, um herauszufinden, was ihr von ihm möchtet. Zusätzlich muss es sich mit euch auf dem Rücken neu ausbalancieren. Für die ersten Versuche ist es darum schon sehr hilfreich, wenn ihr einen Helfer habt, der die gewohnte und auch präzise Touchierhilfe neben dem Pferd gibt. Die Stimmhilfe kommt dabei von euch vom Pferderücken aus.

Das Allerwichtigste dabei ist aber, dass ihr gerade und mittig sitzen bleibt, um eurem Pferd die Aufgabe nicht unnötig schwer zu machen. Es passiert nämlich allzu leicht, dass ihr beim Selber-Touchieren auch zum Bein herunterschaut. Dann belastet ihr genau das Bein, das euer Pferd wegziehen soll. Ihr müsst also sozusagen nach Gefühl touchieren. Anfangs touchiert der Helfer alleine, bis euer Pferd die Übung einige Male gemacht und schon etwas Sicherheit darin gefunden hat. Dann versucht ihr es selber und euer Helfer unterstützt nur vom Boden, wenn ersichtlich ist, dass das Pferd nicht so genau versteht, was es tun soll, oder noch eine kleine Erinnerung braucht. Schon bald wird es aber auf Stimmhilfe und das ungefähre Touchieren ins Kompliment gehen. Zum Verharren haltet ihr die Gerte einfach gerade an oder leicht vors Bein. Da das Kompliment mit Reiter eine sehr anstrengende Übung ist, solltet ihr sie nicht zu oft fordern und auch nicht zu lange ausdehnen. Wenn ihr das Kompliment mit Reiter macht, dann lasst euch am besten von einem Helfer filmen, dann könnt ihr sehr gut sehen, ob ihr auch gerade sitzen bleibt.

Bei einem Kurs war eine bereits sehr fortgeschrittene Teilnehmerin ganz traurig, dass ihr Pony das Kompliment mit ihr im Sattel nicht mehr ausgeführt hat. Ich meinte dann, sie solle in die Reitbahn einreiten und gerade auf die Zuschauer zu. Dabei soll sie Blickkontakt halten, das »Publikum« anlachen und ihr Pony ein Kompliment machen lassen. Und was kam heraus? Ein perfektes Kompliment von einem erleichterten Pony und eine strahlende Reiterin. Sie hatte vorher immer sehr genau auf die Touchierhilfe geachtet und sich vor lauter Konzentration auf die Seite gelehnt, auf der ihr Pony das Bein einknicken sollte. Kein Wunder, dass das arme Kerlchen aus dem Gleichgewicht kam und nicht mehr nach unten wollte. Durch die Konzentration auf das »Publikum« blieb die Reiterin ganz gerade und aufgerichtet sitzen und half damit ihrem Pony, seine Balance zu erhalten.

Beim Kompliment unterm Reiter erleichtert ein Helfer am Boden die Übung.

So sieht das Kompliment aus, wenn man daran eine Weile gearbeitet hat. Die Reiterin sitzt mittig gerade und Big Ben geht schön auf Gertenzeichen ins Kompliment.

34

Das **Knien**

Das Knien ist eigentlich »nur« ein doppeltes Kompliment. Es ist eine eigenständige Übung und auch eine Vorübung für das Liegen auf dem klassischen Weg.

Wie soll die Übung aussehen?

Beim Knien senkt sich das Pferd auf die beiden Vorderfußwurzelgelenke und verharrt in dieser Position.

Welches Zubehör braucht ihr dazu?

Für diese Übung braucht ihr kein besonderes Zubehör außer einer Gerte und einem Pferd, das bereits ein relativ sicheres Kompliment zeigt.

Shetty Cloud zeigt ein sehr schönes Knien.

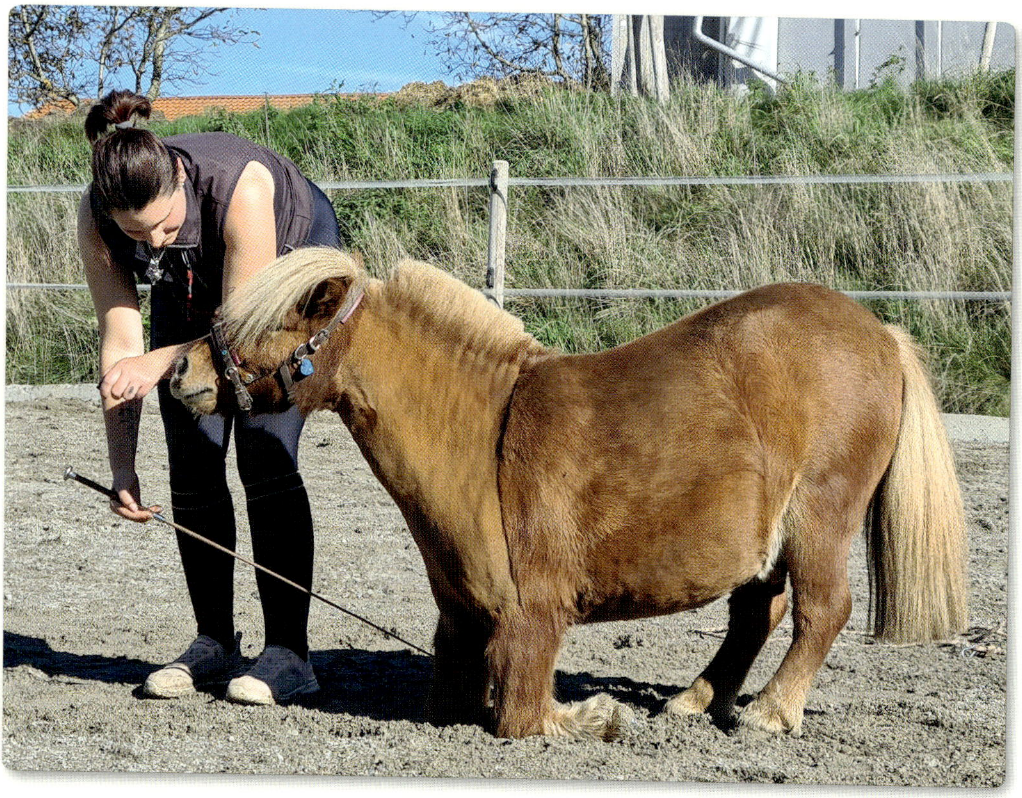

Wo liegen die Belastungen für das Pferd?

Das Knien ist eine Lektion, die nicht jedes Pferd gerne zeigt. Da das Pferd dabei mit dem vollen Gewicht auf den Vorderfußwurzelgelenken ruht, liegt da auch die stärkste Belastung. Manche Pferde empfinden das als unangenehm, vor allem wenn sie bereits leichte Arthrosen haben oder auch Probleme im Lendenbereich. Natürlich achtet ihr bei dieser Lektion besonders auf einen geeigneten weichen Untergrund.

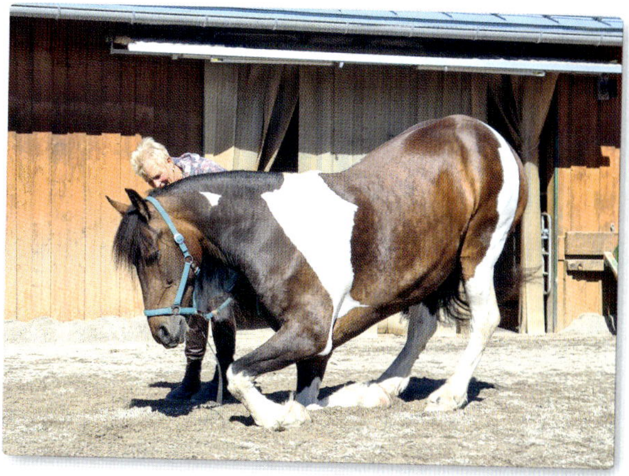

Jacko knickt das gestreckte Bein vom Kompliment ab und geht so ins Knien.

Welche Herausforderung gibt es für das Pferd?

Meistens ruft man die Übung aus dem Kompliment ab und dabei muss euer Pferd die Signale neu kombinieren.

Welche Anforderungen stellt die Übung an den Menschen?

Bevor ihr mit der Lektion »Knien« anfangen könnt, habt ihr mit eurem Pferd bereits einige Zeit am Kompliment gearbeitet und so schon Sicherheit in der Hilfengebung erlangt. Jetzt müsst ihr die Signale zum Bein-Wegziehen aus einer anderen Position geben und eurem Pferd helfen, die Hilfen zu kombinieren.

Wie wird die Übung trainiert?

Die Grundvoraussetzung für die Lektion »Knien« ist ein Pferd, das bereits sicher auf die Gertenhilfe hin ins Kompliment geht. Dann hat euer Pferd verstanden, dass das Touchieren des Röhrbeins Bein-Wegziehen bedeutet. Um das Knien zu erreichen, gibt es zwei Methoden. Das kommt jetzt ein wenig auf euer Pferd an und wie bereitwillig und spontan es auf eure Touchierhilfe reagiert. Das Knien wird natürlich nur auf einem ausreichend weichen Boden gefordert, was besonders wichtig beim Erlernen der Lektion ist. Dabei kommen die Pferde oftmals etwas ungelenk ins Knien und sollen sich natürlich dabei nicht unwohl fühlen. Euer Pferd kennt nun also das Touchieren am Röhrbein, zieht daraufhin das Bein weg und bewegt sich bereits nach hinten und Richtung Boden. Jetzt könnt ihr einfach versuchsweise beide Beine gleichzeitig touchieren und mit etwas Glück geht euer verdutztes Pferd daraufhin ganz spontan mit beiden Beinen in die Kniebewegung. Die Belohnung und ganz viel Lob gibt es sofort in dieser knieenden Position. Auch wenn der erste Versuch sofort erfolgreich ist, heißt das nicht, dass euer Pferd das beim nächsten Mal wiederholt. Wenn es also beim zweiten Mal nicht funktioniert, könnt ihr beide Vorderbeine am Röhrbein wechselseitig schnell hintereinander touchieren. Aus dem folgenden Beine-Wegziehen und Etwas-auf-der-Stelle-Treten entwickelt sich dann wieder das Knien.

Natürlich gibt es nun auch Pferde, die beim wechselseitigen oder gleichzeitigen Touchieren entweder ratlos herumstehen oder zappelig werden und zurückweichen. Bei diesen Vierbeinern beginnt ihr damit, dass ihr euer Pferd ins Kompliment holt, belohnt und dann das gestreckte Bein touchiert. Damit es eurem Pferd leichter

1

Cisco geht mit beiden Beinen gleichzeitig ins Knien.

2

Pferde, die das Liegen bereits kennen, weichen oft ins Liegen aus, wenn ihnen das Knien unangenehm oder zu anstrengend wird.

fällt dieses Bein zurückzuziehen, gebt ihr ihm die zweite Belohnung etwas mehr in Richtung des stützenden Beins. So macht ihr das gestreckte Bein etwas leichter und beweglicher. Idealerweise zieht das Pferd nun das gestreckte Bein zurück und knickt es ab, bis es im Knien ist.

Manchmal passiert es, dass das Pferd statt das Bein einzuziehen einfach aufsteht. Dann gibt es die Möglichkeit, die Hilfe von der anderen Seite aus zu geben. Dafür müsst ihr euer Pferd sozusagen von der »falschen« Seite ins Kompliment holen. Ihr ruft also von rechts das Kompliment auf der linken Seite ab. Dafür variiert ihr die Touchierhilfe und touchiert das abzuknickende Bein hinten am Röhrbein unter dem Bauch durch. Auch wenn das nun eine neue Stelle ist, verstehen die meisten Pferde diese Hilfe sehr schnell, so weit sie schon sicher in der Übung sind.

Jetzt steht ihr auf der Seite des gestreckten Beins und könnt es so besser beeinflussen. Wenn euer Pferd nun auf das Touchieren des gesteckten Beins anfängt, das Bein etwas einzuknicken, aber es noch nicht schafft, den Huf ganz einzuklappen, könnt ihr ein wenig mit der Hand oder dem Fuß nachhelfen und beim Bein-Einziehen unterstützen.

Wie könnt ihr die Übung weiter ausbauen?

Das Knien lässt sich durchaus mit anderen Übungen kombinieren und besonders talentierte Vierbeiner können beispielsweise lernen, aus dem Knien direkt ins Steigen zu gehen. Das ist allerdings eine ganz besondere Kraftanstrengung und braucht auch ein gut trainiertes und bemuskeltes Pferd.

Die Übung unter dem Reiter

Das Knien kann natürlich auch unter dem Reiter gefordert werden, wobei ihr dabei aber noch mehr auf einen geeigneten Boden achten müsst. Ähnlich wie beim Kompliment ruft ihr die Lektion auch mit der Gerte ab, die aber beim Knien mehr vor das Pferd geführt wird. Anfangs hilft auch hier ein Helfer vom Boden aus, der die bekannte Hilfe zusätzlich gibt. Da das Knien mit Reiter eine noch stärkere Belastung für die Vorderbeine und besonders für die Karpalgelenke mit sich bringt, solltet ihr sehr darauf achten, ob euer Pferd Anzeichen von Unwohlsein zeigt und gegebenenfalls auf diese Lektion unter dem Reiter verzichten.

35

Das **Hinlegen**

Es ist immer wieder ein ganz besonderer Moment, wenn sich euer Pferd neben euch hinlegt und auch ein ganz besonderer Vertrauensbeweis. Dieses Vertrauen kann man nicht erzwingen, sondern nur als Geschenk annehmen.

Wie soll die Übung aussehen?

Euer Pferd legt sich auf ein Kommando ruhig neben euch ab und bleibt idealerweise auch so lange liegen, bis es ein Kommando zum Aufstehen bekommt. Ein ganz besonderer Vertrauensbeweis ist es, wenn sich das Pferd auch noch flach auf die Seite hinlegen lässt, denn diese Position nimmt es nur ein, wenn es sich wirklich sicher fühlt.

Welches Zubehör braucht ihr dazu?

Das kommt darauf an, mit welcher Methode ihr das Liegen erreichen wollt. In jedem Fall braucht ihr jede Menge Gutes zu füttern, denn so eine tolle Leistung muss sich doch lohnen.

Cisco im Liegen.

Beim sicher liegenden Pferd kann man sich auch danebensetzen.

Ansonsten reichen ein Halfter und Führstrick, eventuell eine Gerte und eine Sprühflasche mit Wasser.

Wo liegen die Belastungen für das Pferd?

Da das Hinlegen eine natürliche Bewegung ist, gibt es keine Einschränkungen für die Methode, die über das Wälzen geht – außer das Pferd legt sich von sich aus nicht mehr hin oder wälzt sich nicht mehr. Bei der anderen Methode gelten die Einschränkungen, die es bei den entsprechenden Vorübungen gibt. Akute Probleme sind bei allen Zirkuslektionen meistens ein Ausschlusskriterium, bis diese ausgeheilt sind.

Welche Herausforderung gibt es für das Pferd?

Euer Pferd muss beim Erlernen dieser Lektion keine besondere Bewegung erlernen, denn Hinlegen kann sich jedes Pferd. Es muss aber erkennen, was ihr von ihm wollt und das Kommando mit der Bewegung verknüpfen. Zudem muss es sich in der Umgebung und eurer Gegenwart so sicher fühlen, dass es seine Möglichkeit zur Flucht einschränkt, indem es sich hinlegt. Beim Flachlegen wird das noch viel deutlicher. Da gibt es seine Sicherheit wirklich total in eure Hände – ein ganz großes Geschenk. Es kann durchaus einige Zeit dauern, bis euer Pferd genug Mut aufbringt, das zu versuchen. Diese Zeit solltet ihr ihm unbedingt lassen und nicht versuchen, das Liegen auf irgendeine Art zu erzwingen.

Welche Anforderungen stellt die Übung an den Menschen?

Wenn ihr das Liegen auf dem klassischen Weg erarbeitet, dann habt ihr bis zu diesem Punkt bereits einiges an Erfahrungen erlangt. Diese könnt ihr neben einer großen Portion Geduld bei dieser komplexen Übung einsetzen. Beim Weg über das Wälzen sind das richtige Timing und eine gewisse Hartnäckigkeit sowie ebenfalls viel Geduld die Voraussetzung.

Wie wird die Übung trainiert?

Es gibt verschiedene Methoden, um ein Pferd ins Liegen zu bringen. Einige davon lehne ich ab, denn sie enthalten sehr viel Zwang. Das Liegen ist ein Geschenk, das wir von unserem Pferd bekommen, und das muss freiwillig geschehen. Der klassische Weg ist ein Trainingsaufbau über die vorherigen defensiven Lektionen. Euer Pferd kann bereits das Kompliment, Knien und die Bergziege? In dem Fall könnt ihr es auf dem klassischen Weg versuchen. Euer Pferd sollte bereits gut knien können und auch so lange verharren, bis ihr das Kommando zum Aufstehen gebt.

Die Bergziege muss euer Pferd dagegen noch nicht komplett beherrschen, aber es sollte die Hinterbeine bereits auf ein Touchieren vorsetzen oder zumindest hochnehmen.

Ihr lasst euer Pferd also knien und touchiert die Hinterbeine, um euer Pferd dazu zu bringen, dass

Lasst das Pferd den Platz zum Wälzen selber suchen oder bietet ihm eine Stelle an, an der sich vielleicht schon ein Pferd gewälzt hat.

Beim Einknicken der Beine ist der richtige Zeitpunkt für das Kommando.

Hier möchte Carlito schon weiter ins Wälzen, wird aber mit einem Leckerli wieder ins Aufrechte-Liegen gelockt und dann belohnt.

Da fragt wohl jemand, ob es noch ein Leckerli gibt.

es trippelt. Das simuliert die Bewegung, die es auch von sich aus beim Ablegen machen würde.

Ihr könnt das Im-Knien-Bleiben noch fördern, indem ihr ihm unten ein Leckerli reicht, sobald es auch nur einen Hinterhuf bewegt. So erkennt es, dass es unten bleiben und trotzdem die Hufe vorsetzen soll. Manchen Pferden fällt dabei spontan ein, dass sie sich hinlegen könnten und lassen sich absinken. Das ist dann der absolute Jackpot! Also rein mit dem Futter beim liegenden Pferd. Dabei bleibt ihr auf der Seite eures Pferdes bei seinen Beinen und lasst es den Kopf auch zu eurer Seite drehen. Solange der Kopf nämlich seitlich gedreht ist, kann es nicht aufstehen und damit könnt ihr die Liegezeit verlängern. Zum Aufstehen steht ihr ebenfalls auf und gebt eurem Pferd ein Kommando wie »Auf« und das auch, wenn es von sich aus aufsteht. Dann begleitet ihr das Aufstehen sozusagen mit dem Kommando.

Das Kommando zum Ablegen, zum Beispiel »Down«, gebt ihr dagegen erst, wenn ihr sicher seid, dass sich euer Pferd auch ablegt. Sonst kann es keine Verknüpfung herstellen. Meistens ist es aber so, dass sich euer Pferd nicht sofort spontan ablegt, sondern sogar aufsteht, weil es vom Touchieren hinten verwirrt ist. In dem Fall hilft es, wenn ihr noch einen Helfer habt, der euer Pferd vorne belohnt, sobald es auch nur ein Hinterbein bewegt. Durch das Kauen und Ausatmen bleibt es meistens unten und mit einiger Wiederholung begreift es, dass das Vortreten die gewünschte Reaktion ist. Wichtig dabei ist, dass ihr euch anfangs mit einem Beinheben begnügt und euer Pferd dann aus der Übung entlasst. Erst nach einigen Wiederholungen fordert ihr mehr. Sobald ein Absenken und Einknicken der Hinterhand erfolgt, lobt ihr gleich ganz viel und belohnt auch. Wenn euer Pferd noch nicht bereit ist, sich hinzulegen, weil es vielleicht noch unsicher ist, dann kann es bis zum kompletten Hinlegen durchaus einige Zeit dauern, aber eines Tages ist es dann so weit.

Mein Carlito hat es so gelernt. Vom ersten Einknicken der Hinterbeine bis zum kompletten Hinlegen hat es bei ihm einige Monate gedauert. Er hat immer wieder gute Ansätze gezeigt, aber sich dann einfach nicht getraut, sich komplett abzulegen. Mental musste er die Übung erst verarbeiten und hat einfach seine Zeit gebraucht, bis er genug Mut dazu hatte. Inzwischen ist das Liegen seine Lieblingsübung.

VIDEO

Im Video seht ihr Feivel
beim Ausführen der Übungen.

Die zweite Methode erfordert ein Kompliment und zwar ein schlechtes. Es gibt Pferde, die auf einer Seite ein sehr schönes Kompliment machen mit senkrecht stützendem Unterarm und auf der anderen Seite ein schlechtes Kompliment mit nach vorne geschobenem Vorderknie und abgesenktem Brustkorb. Das könnt ihr zwar nicht herbeiführen, aber ihr könnt es ausnutzen, wenn euer Pferd dazu neigt. Natürlich macht ihr damit auf dieser Seite erst mal das Kompliment »kaputt«, aber wenn ihr wollt, könnt ihr es später wieder herausarbeiten oder ihr bleibt einfach dabei, dass ihr auf einer Seite das Kompliment und auf der anderen Seite das Liegen abruft.

Um nun das Liegen zu erreichen, müsst ihr euer Pferd im Kompliment halten können oder es wieder nach unten holen. Das ist sehr anstrengend, besonders auf der schlechten Seite. Das Pferd wird sich nun auch noch weiter absenken, um es sich bequemer zu machen. Manche Pferde legen sich einfach über das gestreckte Bein ab, beziehungsweise lassen sich einfach absinken, und rollen dann ein wenig zur Seite ins Liegen. In dem Fall gleich viel belohnen und loben. Ihr könnt die Idee zum Hinlegen aber auch ein wenig fördern, indem ihr euer Pferd seitlich zum abgewinkelten Bein hin füttert, sodass es das Gewicht verlagern muss und leicht über das gestreckte Bein kippt.

Manche Pferde erschrecken ein wenig, wenn sie kippen, aber ein Leckerli vor der Nase hilft da gleich zur Beruhigung. Nach einigen Wiederholungen wird sich euer Pferd schon von selber der Anstrengung des schlechten Kompliments entziehen und ins Liegen gehen. Dann gebt ihr auf dieser Seite gleich das Kommando zum Liegen dazu und später auch das zum Aufstehen. Der einzige Nachteil dieser Herangehensweise ist, dass sich euer Pferd noch einige Zeit über das gestreckte Bein ablegen wird und so auch liegt. Ihr müsst euch aber nicht überlegen, wie ihr ihm das anders beibringen könnt, denn euer Pferd wird mit dem Kommando schon bald anfangen

Wenn euer Pferd das Knien bereits kann, wird es zuerst ins Knien geholt.

Im Knien touchiert ihr dann leicht die Hinterbeine und das Pferd setzt diese vor und lässt sich absinken.

Bei Bodenberührung gibt es dann die Belohnung.

die Vorderbeine gleichzeitig einzuknicken und so schön mit beiden Vorderbeinen ins Liegen gehen.

Ihr könnt dann auf einer Seite das Liegen abrufen und auf der anderen Seite das Kompliment. Für euer Pferd ist die Unterscheidung so recht einfach und es weiß eindeutig, was ihr wollt. Allerdings könnt ihr das Kompliment auf der Liegeseite auch wieder erarbeiten. Das geht aber erst, wenn das Liegen mit dem entsprechenden Kommando dazu bereits gut abrufbar ist, sonst kennt sich euer Pferd überhaupt nicht mehr aus. Genauso könnt ihr das Liegen später auch von der anderen Seite aus abrufen, wenn die erste Seite gut gefestigt ist. Die meisten kleinen Ponys lernen das Liegen aus dem Kompliment sehr schnell. Sobald man anfängt, sie länger im doch anstrengenden Kompliment verharren zu lassen, wählen sie den bequemeren Weg und lassen sich einfach mal auf den Bauch platschen. Der Weg nach unten ist bei den kleinen Vierbeinern schließlich nicht so weit.

Feivel hat sich mit dem Kompliment ziemlich schwergetan und auf der rechten Seite überhaupt nicht gestützt. Da war es bis zum Absinken kein weiter Weg. Beim ersten Mal ist er sehr erschrocken, aber die Karotte hat ihn gleich beruhigt. Das gestreckte Vorderbein hat er noch recht lange gezeigt, weil er zum Weiterentwickeln immer eine lange Überlegungszeit braucht, aber schließlich ist auch er auf Kommando schön mit beiden eingeknickten Vorderbeinen ins Liegen gegangen. Als Kommando hat er das

Beim Ablegen aus dem Kompliment bleibt anfangs meistens ein Bein gestreckt, aber das ändert sich mit zunehmender Übung.

Wortkommando »Down«, ein Touchieren an den Röhrbeinen oder auch nur ein Klopfen auf den Boden gelernt.

Bei den ersten beiden Methoden könnt ihr das Liegen ein wenig forcieren, indem ihr euer Pferd an den Röhrbeinen touchiert. Wie beim Kompliment oder Knien erlernt, führt das zum Wegziehen der Beine. Zwingen könnt ihr das Pferd damit nicht, wenn es sich absolut nicht ablegen will.

Bei der dritten Methode geht das so nicht. Hier macht ihr euch eine Tätigkeit eures Pferdes zunutze, die ihr dann abrufbar macht – das Wälzen. Für das Pferd ist das die stressfreiste Methode, bei der der Mensch wohl am meisten Geduld braucht. Zuerst benötigt ihr ein Pferd, das sich dicht bei euch wälzt.

Nun gibt es Pferde, die sich immer nach dem Reiten wälzen oder sobald sie auf einem bestimmten Boden sind. Auch Nassmachen kann es dazu verleiten oder ein Im-Kreis-Führen mit tiefer Nase. Für die ganz hartnäckigen Fälle – Pferde, die sich fast nie wälzen – gibt es noch einen kleinen Trick: die Sprühflasche. Mit der sprüht ihr euer Pferd ein, bis kleine Wassertropfen auf dem Fell hängen, die es ganz furchtbar kitzeln. Ihr könnt die Wälzbereitschaft auch noch ein wenig mehr fördern, indem ihr entweder einen Platz wählt, an dem sich bereits ein Pferd gewälzt hat, oder ihr lasst es dabei zusehen. Wenn sich euer Pferd zum Wälzen hinlegt, müsst ihr verhindern, dass es sich wälzt. Sobald es mit dem Bauch Bodenberührung hat, haltet ihr ihm gleich eine Handvoll Karotten oder ähnlich Leckeres von vorne vor die Nase. Bei der Verlockung wird es gleich vergessen, sich zu wälzen und lieber futtern.

Wie bei den anderen Methoden könnt ihr die Liegezeit verlängern, indem ihr euer Pferd dazu veranlasst, den Kopf zur Seite zu wenden und dort die Belohnung zu nehmen. Mit dem Kommando »Auf« lasst ihr euer Pferd aufstehen oder begleitet das Aufstehen. Schon bald wird es auf die Belohnung warten und erst gar nicht mehr versuchen, sich gleich zu wälzen. Natürlich könnt ihr euer Pferd nicht jedes Mal nass machen oder Ähnliches, wenn ihr es ablegen wollt. Also müsst ihr das Liegen abrufbar machen, indem ihr ein Kommando dafür einführt. Um eine Verknüpfung zu erreichen, müsst ihr das Kommando »Down« zum richtigen Zeitpunkt geben. Dieser ist, wenn ihr sicher seid, dass sich euer Pferd auch ablegt. Meistens kann man ganz sicher sein, dass das auch passiert, wenn euer Pferd mit allen vier Beinen einknickt. Jetzt ist der richtige Zeitpunkt für das Kommando.

Es wird einige Zeit dauern, bis euer Pferd auch darauf hört. Ihr gebt das Kommando einfach immer ein wenig früher, bis ihr es auch abrufen könnt, wenn euer Pferd von sich aus noch keine Anstalten macht, sich abzulegen. Solange ihr das Ablegen übt, sollte euer Pferd sich nicht ganz nah bei euch wälzen, damit es die ganze Sache nicht durcheinanderbringt. Wollt ihr es später dann mal am Strick wälzen lassen, so geht ihr weiter weg von ihm als beim Liegen und lasst es den Platz selber suchen. Das Ablegen aus dem Wälzen probieren wir öfter mal im Kurs. Bei einigen Pferden klappt es auch in der Kürze der Zeit und in der doch recht unruhigen Kursatmosphäre.

Cisco zeigt das Hinlegen auf ein Klopfen mit der Gerte am Boden.

Haben sie dann erst mal die Leckerei entdeckt, bleiben sie da auch sehr schnell liegen, vor allem am zweiten Tag, wenn sie mental schon etwas müde sind und die Situation nicht mehr so neu ist. Manche Pferde bieten das Ablegen auch schon von sich aus an, wenn man mit ihnen auf den Platz geht, an dem schon ein anderes Pferd gelegen hat. Dann ist es nur noch eine Frage der Zeit, bis es schließlich auch auf Kommando abrufbar ist.

Jetzt gibt es aber immer wieder Pferde, die sich nicht sicher genug fühlen, um sich dicht am Menschen zu wälzen oder gar abzulegen. Sie brauchen einfach einen größeren Abstand, um sich zu trauen. Ihr müsst euch vorstellen, dass in einer Herde das Ablegen oder Wälzen auch mal gerne von Raufbolden ausgenutzt wird, um das liegende Pferd zu überfallen und sich richtig draufzuschmeißen. Verständlich, dass unsichere Pferde oder auch Pferde, die etwas steif sind und nicht so ganz flink hochkommen, dann lieber genug Abstand zu anderen haben. Das übertragen sie dann auch auf den Menschen. Bei diesen Pferden müsst ihr zuerst an der Annäherung arbeiten. Ihr animiert euer Pferd zum Wälzen, haltet aber mit einem langen Strick genug Abstand. Wie viel das sein muss, müsst ihr ausprobieren. Das ist bei jedem Pferd anders. Ihr könnt eurem Pferd auch noch Sicherheit vermitteln, indem ihr mit in die Hocke geht und erst aufsteht, wenn es das auch tut. Langsam verkleinert ihr den Abstand. Ein Abstoppen des Wälzens ist ohne direkten Kontakt natürlich schwierig. Wenn ihr schon etwas dichter ans Pferd herankommt, dann könnt ihr mal versuchen, einen Apfel zum Pferd hinrollen zu lassen. Mit etwas Glück entdeckt es diesen und bleibt zum Futtern kurz auf dem Bauch liegen. Dann ist ganz viel Lob fällig.

Wenn das einige Male geklappt hat, wird euer Pferd darauf warten und ihr könnt euch auch annähern, aber ohne dass ihr komplett aufsteht. Aber lasst euch Zeit damit – jedes kleine Stückchen weiter ist ein Riesenerfolg. Das Wichtigste ist jetzt, eurem Pferd ein angenehmes Gefühl zu vermitteln und ihm die Sicherheit zu geben, dass ihm in eurer Gegenwart nichts passiert. Sobald ihr ein ruhig liegendes Pferd habt, geht es weiter wie bei den eher unerschrockenen Vierbeinern. Wenn ihr euch zum liegenden Pferd setzt, könnt ihr das durchaus auf der Beinseite tun und wenn

1

Um zum Flachliegen zu kommen, wird Carlito nach vorne und dann nach hinten gelockt.

2

Während sein Kopf ein wenig abgestützt wird, lässt sich Carlito hier bereits über die Schulter abrollen.

3

Umgefallen, aber noch ein wenig angespannt.

4

Mit Belohnung und Kraulen klappt es auch mit der Entspannung.

ihr den Kopf des Pferdes zu euch füttert oder streichelt, wird es länger unten bleiben. Zum Aufstehen muss es den Kopf erst gerade nach vorne nehmen.

Ihr dürft dabei aber nie vergessen, dass auch das sicherste Pferd einmal plötzlich aufspringen kann, wenn es sich erschreckt. Daher solltet ihr euer Pferd gut einschätzen können und erkennen, wie entspannt es gerade in der Situation ist. Sollte es doch einmal passieren, dass euer Pferd aufspringt, während ihr noch danebensitzt oder -kniet, hilft in der Regel einfach abrollen und sich so vom Pferd weg bewegen. Da das Liegen freiwillig nur in sehr sicherer Umgebung gezeigt wird, legen sich Pferde nur hin, wenn ihr ihnen diese Sicherheit auch vermitteln könnt und eure Umgebung für das Pferd sozusagen eine sichere Zone ist. Genau das kommt euch dann in Situationen zugute, in denen das Pferd sich erschreckt und Angst hat. Auch in solchen Momenten soll es bei euch Schutz und Sicherheit suchen. Genau aus diesem Grund können liegende Pferde in Situationen, in denen sich ein Pferd normalerweise nicht hinlegen würde, bei ihren Artgenossen durchaus für Verwunderung oder gar Entsetzen sorgen. Das solltet ihr bedenken, wenn ihr in Gegenwart von anderen Pferden seid.

Wie könnt ihr die Übung weiter ausbauen?

Das Flachlegen solltet ihr erst versuchen, wenn euer Pferd schon sehr ruhig und gelassen aufrecht liegt. Ansonsten verunsichert ihr es und es wird gleich wieder aufstehen. Für das flache Liegen gibt es zwei Möglichkeiten. Bei sehr gelassenen Pferden mit einem recht ausgeprägten Selbstbewusstsein könnt ihr euch auf die Rückenseite eures Pferdes stellen und es über den Rücken seitlich füttern. Dadurch habt ihr wieder den abgewinkelten Hals und euer Pferd kann nicht so schnell aufstehen. Dann versucht ihr das Pferd am Widerrist sachte zu euch hinzuziehen. Am besten entsteht eine leichte Wippbewegung, die immer mehr in eure Richtung geht, bis das Pferd sich umfallen lässt. Aber versucht nicht gegen den Widerstand eures Pferdes zu arbeiten. Es sollte sich immer leicht anfühlen und keinen Gegendruck kommen. Sobald es flach liegt, füttert ihr vorne, sodass der Kopf auch gerade auf dem Boden abgelegt wird. Wenn euer Pferd noch nicht bereit ist und ihr zu viel Druck ausübt, wird es einfach aufstehen. Also müsst ihr da mit etwas Gefühl an die Sache herangehen.

Bei der anderen Möglichkeit platziert ihr euch seitlich vor dem Pferd wieder in Richtung Rückenseite. Dann füttert ihr euer Pferd vorne in Bodennähe, damit es sich streckt und lockt es dann in einem Bogen zu euch, sodass es sich umsinken lässt. Ob es schon bereit ist, merkt ihr recht einfach daran, dass es ganz leicht mitgeht oder auf halbem Weg wieder ins aufrechte Liegen geht. Alles kein Problem, denn auch die kleinen Teilschritte sind schon ein toller Erfolg und ihr könnt euch immer weiter herantasten. Wenn euer Pferd bereit dafür ist, wird es sich auch umsinken lassen. Beim flach liegenden Pferd bleibt ihr am sichersten auf der Rückenseite. Da könnt ihr es auch gut kraulen. Sollte es doch mal ganz schnell aufspringen wollen, seid ihr außer Hufreichweite.

Ein absolutes No-Go ist ein Fixieren des Halses beim flach liegenden Pferd, um es am Aufstehen zu hindern. Man sieht das manchmal bei Vorführungen – inzwischen zum Glück immer seltener. Das ist in meinen Augen ein ganz grober Vertrauensbruch!

Die Übung unter dem Reiter

Das Ablegen geht auch unter dem Reiter, wenn euer Pferd das Liegen bereits gut beherrscht. Ihr gebt dabei, möglichst ohne Sattel, eurem Pferd das vertraute Kommando und klopft mit der Gerte etwas seitlich an die Beine, wenn es das Gertenkommando kennt. Dabei bleibt ihr gerade sitzen, damit ihr euer Pferd nicht aus dem Gleichgewicht bringt. Das Hinlegen ist immer eine etwas wackelige Sache, wenn ihr das noch nie gemacht habt. Sobald euer Pferd liegt, gebt ihr ihm seitlich ein Leckerli, damit es ruhig liegen bleibt. Das Aufstehen mit Reiter ist sehr anstrengend für das Pferd und auch eine ziemliche Balancesache. Ihr müsst dabei versuchen, so mittig wie möglich sitzen zu bleiben. Haltet euch möglichst an der Mähne fest, da es doch etwas rutschig werden kann. Aus diesem Grund mache ich es selber nicht oft, steige meistens am Boden ab und belohne mein Pferd noch mal ausgiebig, wenn es sich mal mit mir ablegen soll.

In ungewohnten Situationen liegende Pferde oder sich hinlegende Pferde sind für andere Vierbeiner oft sehr erschreckend. Das solltet ihr bedenken, wenn ihr mit eurem Pferd in Gegenwart von anderen Pferden übt. So habe ich Cisco einmal bei einer Siegerehrung auf Wunsch der Veranstalter unterm Reiter abgelegt. Die hinter mir stehenden anderen Pferde waren total entsetzt und haben wohl geglaubt, es sei etwas Schreckliches passiert. Sie suchten ihr Heil in überstürzter Flucht. Cisco lag davon unbeeindruckt einfach leicht verwundert weiter am Boden.

36

Das **Sitzen**

Das Sitzen wird aus dem Liegen entwickelt. Das bedeutet auch, dass ihr im Training schon sehr weit gekommen seid, wenn ihr mit dem Sitzen anfangt.

Wie soll die Übung aussehen?

Das liegende Pferd schiebt sich mit den Vorderbeinen hoch und verharrt auf Kommando in einer sitzenden Position. Somit ist das Sitzen aus dem Liegen lediglich eine abgestoppte Phase des Aufstehens. Gerade alte Pferde zeigen das Sitzen ein wenig unfreiwillig, wenn sie beim Aufstehen nicht mehr genug Kraft haben, und verharren zum Ausruhen einige Zeit in dieser Position.

Welches Zubehör braucht ihr dazu?

An Zubehör braucht ihr eigentlich nur etwas Gutes zu futtern und eventuell eine Gerte.

Wo liegen die Belastungen für das Pferd?

Gerade beim Erlernen sitzen die Pferde oftmals sehr schräg, was eine erhöhte Belastung der Beckenregion mit sich bringt. Pferde, die Probleme oder Steifigkeiten im Rücken und Lendenbereich haben, werden nur ungern sitzen bleiben. Zwar schiebt man mit mehr Übung die Pferde in eine gerade Position, aber gerade beim Erlernen lässt sich die schiefe Position am Anfang kaum vermeiden. Für diese Pferde bietet sich das Sitzkissen als Alternative an.

Welche Herausforderung gibt es für das Pferd?

Beim Training muss euer Pferd lernen, bekannte Signale in anderer Position auszuführen und dann zu kombinieren. Dafür muss es sich beim Aufstehen genügend Zeit lassen. Pferden, die sehr schnell aus dem Liegen aufstehen oder aufspringen, fällt diese Übung wesentlich schwerer, als den eher gemütlichen Zeitgenossen, die sich langsam hochstemmen.

Welche Anforderungen stellt die Übung an den Menschen?

Hier kommt es wieder sehr darauf an, dass ihr eurem Pferd vermitteln könnt, was es genau tun soll, indem ihr die Signale, die es bereits kennt, ganz genau gebt und wieder die ersten Ansätze bestärkt. Wie meistens bei den komplexeren Lektionen kommt es auch hier auf das richtige Timing an.

Wie wird die Übung trainiert?

Für das Training braucht ihr als Ausgangspunkt ein liegendes Pferd, denn eigentlich ist das Sitzen nichts anderes als ein abgestopptes Aufstehen.

Zuerst fordert ihr euer Pferd dazu auf, ein Bein nach vorne zu strecken.

Danach folgt das zweite Bein nach vorne-oben.

Durch ein Heraufllocken oder ein Touchieren der Röhrbeine, schiebt das Pferd sich langsam hoch.

Mit einer rechtzeitigen Belohnung verhindert ihr ein komplettes Aufstehen.

Manchmal sieht man, dass dieses Abstoppen durch ein kräftiges Ziehen am Zügel im Moment des Aufstehens erreicht wird. Da man in diesem Fall aber sehr stark eingreifen muss, um die doch schwungvolle Bewegung aufzuhalten, wende ich diese Methode nicht an. Zudem ist es kaum möglich, das am Halfter zu machen, und eine so starke Einwirkung im Maul mit Gebiss lehne ich absolut ab.

Idealerweise kennt euer Pferd bereits den Spanischen Gruß oder Schritt und das Kompliment, wenn ihr zum Sitztraining kommt, und natürlich das Liegen. Ihr habt nun also euer Pferd im Liegen. Als ersten Schritt soll es nun die Vorderbeine strecken. Stellt euch einfach mal ein aufstehendes Pferd vor. Das muss, um überhaupt aufstehen zu können, natürlich die Vorderbeine nach vorne bringen und ausstrecken. Diese Bewegung möchtet ihr jetzt auf Kommando auslösen, ohne dass euer Pferd das sofort mit dem Aufstehen in Verbindung bringt. Dafür hat euer Pferd bei einer anderen Übung bereits ein Signal gelernt, das ihr jetzt gut anwenden könnt: das Touchieren unterhalb der Schulter am Oberarm. Beim Spanischen Gruß oder Schritt bedeutet dieser Touchierpunkt Beine heben und strecken. Genau das soll das Pferd nun auf diese Hilfe hin auch tun. Dafür touchiert ihr beim liegenden Pferd das leichter erreichbare Bein. Das ist das Bein, das auf der Seite der liegenden Hinterbeine ist. Das ist auch das Bein, das euer Pferd von sich aus als Erstes nach vorne nehmen würde.

Sobald euer Pferd nun einen Ansatz macht, das Bein nach vorne zu nehmen, lobt ihr es sofort und hört kurz mit dem Touchieren auf. Ist das Bein dann noch nicht ganz vorne, wiederholt ihr die Hilfe noch einmal, bis das Bein gestreckt nach vorne kommt. Dafür gibt es dann auch ein Leckerli, damit es ausatmet und kaut und noch gar nicht ans Aufstehen denkt.

Das zweite Bein ist ein wenig schwieriger. Nicht weil es für das Pferd so schwer ist, das Bein nach vorne zu bringen, sondern weil es auf diesem Bein ein wenig mehr Gewicht hat und es dieses deswegen meistens mit etwas Schwung nach vorne bringt. Da kann es sein, dass es durch diesen Schwung gleich mal ins Aufstehen kommt. Um das zu verhindern, haltet ihr eurem Pferd gleich ein Leckerli vor die Nase, sobald das Bein nach vorne kommt. Beim Kauen vergessen die meisten Pferde, dass sie aufstehen wollten.

Das Liegen auf Kommando mit gestreckten Vorderbeinen sollte für euer Pferd keine Position zum Aufstehen sein. Falls möglich, lasst ihr euer Pferd vor dem Aufstehen noch einmal ins flache Liegen gehen und erst mit einem Kommando aufstehen. Wenn das nicht möglich ist, weil sich euer Pferd ungern ganz flach hinlegt, geht deutlich einen Schritt zurück, bevor ihr das Kommando zum Aufstehen gebt. Die gestreckten Vorderbeine sind schon einmal ein wichtiger Schritt in Richtung Sitzen, doch jetzt muss euer Pferd vorne hochkommen, ohne aufzustehen. Dafür habt ihr auch eine bereits bekannte Hilfe zur Verfügung. Wisst ihr welche?

Die Touchierhilfe zum Kompliment am Röhrbein bedeutet Beine wegziehen und genau das soll euer Pferd mit den gestreckten Beinen nun tun. Ihr touchiert euer Pferd nun sachte an beiden Röhrbeinen, wobei ihr eine Aufwärtsbewegung noch mit einem Leckerli unterstützen könnt, das ihr ihm vor der Brust anbietet. Dabei könnt ihr euer Pferd leicht mit der Hand am Maul hochschieben. Durch das Touchieren zieht euer Pferd die Vorderbeine weg und krabbelt sozusagen etwas nach hinten. Dabei schiebt es sich langsam mit der Brust ein wenig hoch. Verlangt am Anfang nicht zu viel, schon zehn Zentimeter reichen aus. Dann belohnt ihr euer Pferd und lasst es wieder absinken.

Wenn es keine Anstalten macht aufzustehen, könnt ihr es auch noch einmal versuchen, ansonsten probiert ihr, euer Pferd noch einmal ins flache Liegen zu bringen, bevor ihr ihm das Kommando zum Aufstehen gebt. Das flache Liegen vor dem Aufstehen ist am Anfang eine Hilfe, damit euer Pferd das Beinestrecken nicht mit dem Aufstehen verbindet. Sobald es aber weiter hochkommt, lasst ihr es auch aus dieser Position aufstehen. Mit der Zeit wird es das Sitzen von sich aus anbieten und sich immer weiter hochschieben, was ihr durch das Touchieren der Vorderbeine unterstützen könnt.

Das vor der Brust gegebene Leckerli hat nicht nur einen Belohnungseffekt, sondern verzögert auch durch den gebogenen Hals das Aufstehen. Lasst euch aber auf jeden Fall genug Zeit mit dem Höherkommen beim Sitzen. Bei jedem Versuch, eine Handbreit höher zu kommen, ist vollkommen ausreichend. Euer Pferd muss sich in dieser ungewohnten Position erst wohlfühlen. Noch ein kleiner Tipp für eure Sicherheit: Beim Aufstehen machen die meisten Pferde einen Ausfallschritt mit einem Vorderbein und da sollte euer Fuß möglichst nicht drunter sein, also kalkuliert den Abstand gut mit ein.

Wie könnt ihr die Übung weiter ausbauen?

Beim Aufrecht-Sitzen aus dem Liegen sitzen die Pferde so wie sie sich hochstemmen und

Ihr könnt mit der Zeit versuchen, dass sich das Pferd gerader hinsetzt, indem ihr seine Vorderbeine verschiebt.

das ist meistens schräg. Je nachdem wie schräg das ist, kann das für euer Pferd ziemlich anstrengend sein. Ihr solltet dann für ein längeres Sitzen versuchen, euer Pferd gerader hinzusetzen. Dafür schiebt ihr die Schulter auf der den Hinterbeinen abgewandten Seite in Richtung Mitte, sodass sich euer Pferd ein wenig auf dem Hinterteil dreht. Von sich aus wird das kaum ein Pferd machen, deswegen müsst ihr es schon ein bisschen auffordern und für die ersten Versuche mit einer Gewichtsverlagerung zufrieden sein.

Euer Pferd muss natürlich erst einmal herausfinden, was ihr überhaupt von ihm wollt, und sich dann trauen, mit den Vorderbeinen auch wirklich kleine Seitwärtsschritte zu machen. Je besser ihr es mit der Vorhand gerade vor die Hinterhand bringen könnt, desto angenehmer ist die Sitzposition für die meisten Pferde und sie können länger sitzen bleiben.

Die Übung unter dem Reiter

Auch das Sitzen ist eine Übung, die unter dem Reiter ausgeführt werden kann. Meistens ist es eine Art Nebenprodukt aus dem Aufstehen. Das Pferd nimmt dabei keinen Schwung und verharrt beim Aufstehvorgang in der sitzenden Position. Je schräger das Pferd dabei bleibt, desto anstrengender ist es auch. Vor allem ist es eine Belastung für das Becken. Daher solltet ihr auch nicht auf dem Pferd bleiben, wenn es in dieser Stellung verharrt. Daraus aufzustehen ohne Schwung ist extrem anstrengend und kann ziemlich ruckartig erfolgen. Das mutet man seinem Pferd besser nicht zu. Anders sieht es aus, wenn das Pferd in einer sehr geraden Position abgestoppt wird oder von sich aus verharrt. Diese Stellung kann es auch mit Reiter gut halten. Aber auch hier ist das Aufstehen sehr anstrengend, weswegen ihr es nicht fordern solltet, wenn ihr merkt, dass es eurem Pferd sehr schwer fällt.

37

Die **Offensivlektionen**

Das Steigen, sicher die beeindruckendste der Offensivlektionen.

Die Offensivlektionen sind alle Übungen der klassischen Zirkuslektionen, die nach vorne oder oben gehen. Sie haben ihren Ursprung im Imponier- und Kampfverhalten und sind darum mental eine große Herausforderung für unser Pferd. Auch physisch erfordern sie ein hohes Maß an Koordination und Kraft. Das sind keine Lektionen, die man mal so nebenbei beibringt, sondern sie erfordern auch vom Pferd eine gewisse mentale Reife.

Im natürlichen Ursprung werden diese Bewegungen immer im Zusammenhang mit großer Erregung gezeigt und dieses erhöhte Energielevel entlädt sich dann auch im Angriff, wilden Spiel oder Rennen. Werden diese actiongeladenen Aktionen nun als Lektion gezeigt, kann beziehungsweise soll euer Pferd das aber nicht tun. Darum müsst ihr schon beim Training darauf achten, dass euer Pferd nicht zu viel Energie aufbaut und die Lektionen eher spielerisch ausführt. Solltet ihr doch einmal merken, dass da Energie aus dem Pferd heraus muss, dann entlasst es bewusst in die freie Bewegung und lasst es lossausen, wenn es möglich ist. Danach wird es gleich wieder besser bei der Sache sein.

Viele befürchten, dass Pferde diese Übungen irgendwann gegen den Menschen einsetzen, aber vernünftig beigebracht und mit der nötigen Achtsamkeit im Umgang, besteht keine Gefahr.

38

Der **Spanische Gruß** und der **Spanische Schritt**

Der Spanische Gruß und der Spanische Schritt sind eigentlich Übungen aus dem Imponierverhalten des Pferdes. Ihr habt sicher schon einmal beobachtet, wenn sich zwei fremde Pferde begegnen und quietschend mit den Vorderbeinen schlagen. In der Regel nicht um zu treffen, sondern um dem anderen zu zeigen, wie toll man ist und richtig Eindruck zu machen. Das kann auch schon mal ganz schön heftig ausfallen, darum ist es wichtig, die Lektion in Ruhe beizubringen und nicht aus einer Erregungssituation heraus, da sie sonst nur sehr schwer kontrollierbar ist. Mit dieser Übung könnt ihr auch bei unsicheren Pferden das Selbstbewusstsein so richtig pushen. Sie werden dadurch mutiger und trauen sich mehr zu. Den eher zu selbstbewussten Typen könnt ihr eine Übung zeigen, bei der sie sich auspowern können, aber dennoch aufpassen und kontrollierbar sind. Daraus ergibt sich auch, dass der Spanische Schritt keine Übung ist, die man eben mal so zum Spaß beibringt. Dazu ist die Lektion physisch wie psychisch zu komplex und herausfordernd.

Wie soll die Übung aussehen?

Beim Spanischen Gruß soll das Bein lediglich im Stehen gehoben werden und eine gewisse Zeit gestreckt nach vorne gehalten werden. Der Spanische Schritt dagegen ist eine gleichmäßige Schrittbewegung mit erhobenen gestreckten Vorderbeinen. Dabei soll die Hinterhand im Schrittrhythmus mitgehen. Im Training und auch später immer mal zur Korrektur geht ihr dabei rückwärts vor dem Pferd. Wenn die Übung gut sitzt, könnt ihr sie auch von der Seite aus abrufen.

Ich beschreibe die beiden Übungen zusammen, weil sie am Anfang gleich erlernt werden. Das Vorführen des erhobenen Beins gelingt meistens besser, wenn man es zunächst in der Bewegung verlangt. Für den Spanischen Gruß klappt es später auch im Stehen und muss nur noch etwas ausgebaut werden.

Welches Zubehör braucht ihr dazu?

Für das Training des Spanischen Schritts braucht ihr ein Halfter oder Kappzaum, einen Führstrick, eine lange Gerte oder bei manchen Pferden auch eine Bogenpeitsche und natürlich für die Motivation was Gutes zu futtern.

Wo liegen die Belastungen für das Pferd?

Beim Spanischen Schritt hebt das Pferd das Vorderbein sehr hoch aus der Schulter. Natürlich sollte die Übung nicht bei akuten Problemen an den Beinen ausgeführt werden. Etwas Vorsicht ist auch geboten bei Pferden, die Rückenprobleme haben oder einen sehr langen Rücken. Diese neigen oft dazu, bei der Übung ins Hohlkreuz zu gehen. Bei diesen Pferden solltet ihr sehr gut auf die korrekte Ausführung achten und nicht zu schnell vorgehen, damit sie die korrekte Haltung erlernen können.

Welche Herausforderung gibt es für das Pferd?

Die Lektion stellt hohe Anforderungen an die Koordination und Balance. Das Pferd muss das Vorderbein aus der Schulter heraus in einem Bogen hoch nach vorne führen. Dabei soll es vorwärts gehen und mit der Hinterhand gut mitkommen. Letzteres ist tatsächlich schwieriger als das Hochheben der Vorderbeine.

Oft sieht man Pferde, die sehr viel Aktion vorne zeigen, aber den Rücken wegdrücken und mit der Hinterhand nicht mitkommen. Das passiert oft, wenn zu schnell zu viel vom Pferd gefordert wird. Um dem Pferd die Übung beizubringen, braucht es nicht nur ein wenig Talent, sondern auch einiges an Training. Die mentale Herausforderung ist ebenfalls nicht zu unterschätzen.

VIDEO

Das Video zeigt den Aufbau der Übung **in der Bewegung**.

Da ihr dabei rückwärts vor eurem Pferd weggeht, bedrängt es euch und soll nun auch noch mit dem ausgestreckten Bein einen »Angriff« starten, bevor ihr mit dem Touchieren einen Gegenangriff startet. Das muss so ein Vierbeiner erst einmal verarbeiten und die Zeit müsst ihr eurem Pferd auch lassen und es immer wieder bestärken. Gerade das Loben ist bei dieser Lektion immens wichtig und entscheidend für den Erfolg. Wallache müssen meistens nur sehr viel gelobt werden, damit sie sich mit dem Vorderbein raustrauen. Ranghohe Stuten dagegen haben überhaupt kein Problem damit, die Vorderbeine so richtig rauszuhauen, wenn sie einmal gemerkt haben, dass sie das dürfen.

Die meisten Probleme überhaupt mal mit dem Huf nach vorne zu kommen, haben übrigens gut erzogene Hengste. Die wissen genau, was sie da tun und dass sie das normalerweise überhaupt nicht dürfen. So brauchen sie besonders viel Lob und Bestärkung, um sich überhaupt was zu trauen. Nicht gut erzogene Hengste haben dieses Problem übrigens nicht, aber mit denen sollte man dann vorher auch an anderen Sachen arbeiten.

Welche Anforderungen stellt die Übung an den Menschen?

Der Spanische Schritt stellt auch an den Zweibeiner einiges an Anforderungen. So müsst ihr euer Pferd genau beobachten, um den richtigen Zeitpunkt zum Touchieren zu finden. Ihr müsst präzise am sich bewegenden Pferd den Touchierpunkt finden, während ihr euch rückwärts bewegt und dabei auch noch auf die Reaktionen eures Pferdes achten. Nicht zuletzt müsst ihr bei der Übung außerdem bis fünf und bis drei zählen und in dem Rhythmus bleiben, denn euer Pferd zählt auch mit und kann sich so auf den nächsten erhobenen Schritt vorbereiten. Erfahrungsgemäß schafft es das meist auch noch besser als der leicht überforderte Zweibeiner.

Wie wird die Übung trainiert?

Die erste Reaktion, die ihr braucht, um eurem Pferd begreiflich zu machen, was ihr von ihm wollt, ist wie meistens winzig klein. Euer Pferd soll auf ein Touchieren am Oberarm mit der flexiblen Gerte das Vorderbein heben. Das ist nicht nur eine erlernte Reaktion, obwohl der Touchierpunkt theoretisch an jedem Punkt am Bein gesetzt werden könnte. Theoretisch, denn das Touchieren am Oberarm hat schon seinen Sinn. Dieser Punkt etwas unterhalb der Schulter bewegt sich auch am schreitenden Pferd nicht viel und ist groß genug, um dort sicher touchieren zu können. Würdet ihr einen Punkt weiter unten am Bein wählen, könnte euer Pferd das zwar auch lernen, aber sobald ihr die Übung aus der Bewegung heraus abrufen wollt, wird es extrem schwierig, dort zeitgenau und zielsicher zu touchieren. Daher ist es besser, gleich einen Touchierpunkt zu wählen, den ihr auch bei der weiteren Entwicklung der Lektion verwenden könnt. Außerdem ist diese Stelle am Oberarm die Stelle, die die meisten Pferde bei der Begrüßung anschnuppern oder auch mal zwicken, wenn sie sich begegnen und dann wird auch schon gleich mit den Vorderbeinen geschlagen.

Für die ersten Schritte ist wieder mal ein Helfer ganz praktisch. Ihr platziert euer Pferd nun auf der linken Hand an der Bande oder dem Zaun und haltet es dicht am Halfter oder Kappzaum am Führstrick. Dabei streckt ihr den Arm aus, damit ihr ausreichend Abstand zum Pferd einhalten könnt. In der rechten Hand habt ihr die Gerte. Euer Helfer steht auf Schulterhöhe neben eurem Pferd und hat versteckt ein Leckerli parat. Ihr habt nun den Job, euer Pferd am Platz zu halten und zu touchieren. Mit der flexiblen Gerte touchiert ihr nun euer Pferd am Oberarm. Wenn es jetzt das Bein nicht hebt, was sehr wahrscheinlich ist, kommt euer Helfer dazu. Der stupst mit dem Fuß das Bein eures Pferdes am Kronrand leicht an. Hebt das Pferd nun den Huf, auch wenn es nur wenig ist, dann hört sofort das Anstupsen wie auch euer Touchieren auf und ihr lobt und belohnt euer Pferd.

Bei diesen ersten kleinen Versuchen wird euer Pferd wahrscheinlich versuchen, dieser leicht bedrängenden Situation zu entgehen, indem es probiert, sich nach vorne, zur Seite oder hinten zu entziehen. Das verhindert ihr am Halfter und belohnt wirklich nur ein Beinheben, egal wie klein es auch ist, und keinen Schritt in irgendeine Richtung. Das ist sehr wichtig, damit euer Pferd auch die richtige Verknüpfung herstellt. Die Reaktion auf das Anstupsen mit dem Fuß ist eine unwillkürliche Reaktion, die ihr eigentlich bei fast jedem Pferd bekommt. Probiert das mal bei euren Stallkollegen aus, da funktioniert das nämlich auch. Die Gertenhilfe, die ja dann die endgültige alleinige Hilfe sein soll, wird immer als Erstes eingesetzt. Erst wenn keine Reaktion erfolgt, helft ihr eurem Pferd aus der Situation heraus, indem ihr ihm mit dem Anstupsen eine Ahnung von der gewünschten Reaktion gebt. Diese Reihenfolge ist wichtig, damit ihr auch erkennen könnt, ob euer Pferd bereits auf die Gertenhilfe reagiert oder noch die zweite Hilfestellung braucht. Bis diese Verknüpfung entsteht, kann es durchaus einige Versuche brauchen.

Gerade in dieser Anfangssituation ist ein Helfer sehr wichtig, bis euer Pferd die Gertenhilfe verstanden hat. Später könnt ihr durch die Führposition vor dem Pferd auch gut alleine arbeiten. Im Kurs kam immer wieder die Frage, ob man nicht selber auch den Huf mit dem Fuß anstupsen könnte. Das ist nicht zu empfehlen, da ihr eurem Pferd dabei zu nahekommt und in seinen Bereich eindringt. Bei den meisten Pferden führt das dazu, dass sie sich gar nicht mehr raustrauen. Ihr bleibt zuerst auf einer Seite, bis euer Pferd das Beinheben begriffen hat, und wechselt erst dann auf die andere Seite. Meistens geht es auf dieser Seite dann auch schneller.

Das Vorwärtsgehen baue ich immer sehr schnell als Trockenübung in die Lektion mit ein, oft sogar wenn das Pferd die Unterstützung durch das Anstupsen noch braucht. Um einen bestimmten Rhythmus beizubehalten, nehmt ihr bei einer Seite den Viererschritt, also vier normale Schritte, bevor ein erhobener Schritt folgt. Dabei ist der erste Schritt immer das Bein, das gerade erhoben wurde. Sollte euer Pferd nun mit dem anderen Bein losgehen, dann ist das beim Zählen bereits Schritt Nummer zwei. Ihr steht nun vor eurem Pferd, touchiert den Oberarm und euer Pferd hebt das Vorderbein an und stellt es wieder ab. Lobt euer Pferd bei jedem Anheben. Bis ihr das auch sicher auslösen könnt, belohnt ihr auch jeden erhobenen Schritt.

Danach führt ihr euer Pferd an, während ihr rückwärts vor ihm hergeht und die vier Schritte zählt. Nach dem Anhalten darf euer Pferd die Beine auch schließen, also sozusagen viereinhalb Schritte machen. Jetzt touchiert ihr wieder etc. Das Gehen hat den Sinn, dass euer Pferd die Übung mit der Vorwärtsbewegung verbindet und mit der Hinterhand auch mitgeht. Zudem wird es dadurch, dass es euch hinterhergeht, darin bestärkt, mit dem Vorderbein mehr herauszukommen und sich mehr zuzutrauen. Dadurch, dass euer Pferd nun bereits eine Vorwärtsbewegung erwartet, wird es auch langsam anfangen, mit dem Bein höher und weiter auszugreifen. Jedes weitere Vorschwingen mit dem Bein müsst ihr unbedingt auch mehr loben, damit euer Pferd eine Ahnung davon bekommt, was genau von ihm erwartet wird. Manche Pferde sind einfach zu nett und trauen sich nicht, mit dem Huf in Richtung Mensch zu treten. Sie heben oft zwar das Bein, aber halten den Huf nach rückwärts, um sicher zu gehen, dass der Mensch sich nicht angegriffen fühlt. An sich wirklich eine sehr höfliche Reaktion, die wir aber gerade nicht gebrauchen können. Bei diesen Pferden dürft ihr nun nicht heftiger touchieren, sondern ihr müsst ganz viel loben und bestärken.

Wenn sich euer nettes Pferd immer noch nicht raustraut, dann seid ihr ihm vielleicht zu nahe. Da hilft es, wenn ihr eine Bogenpeitsche verwendet und so mehr Abstand zum Pferd haltet. Mit dieser Sicherheitszone fangen die Pferde langsam an auszuprobieren, ob es doch erlaubt ist, das Bein nach vorne zu nehmen. Natürlich wird das gleich ganz enorm gelobt.

Sobald euer Pferd auf einer Seite auf die Gertenhilfe reagiert und sicher das Bein hochhebt, dreht ihr es um und versucht auch die andere Seite. Das Umdrehen hat den Sinn, dass ihr nun wieder das innere Bein touchiert. Es fällt eurem Pferd gerade am Anfang leichter, mit diesem Bein anzufangen. Manchmal kommt es vor, dass euer Pferd von dem Wechsel etwas verwirrt ist und euch das andere Bein anbietet. In dem Fall bleibt ihr einfach weiter dran mit dem Touchieren, ohne fester zu werden. Wenn ihr mehr erreichen wollt, dann könnt ihr schneller touchieren, aber nicht fester, denn das würde euer Pferd nur einschüchtern. Der Grund, warum manche Pferde das nicht touchierte Bein anbieten, ist einfach, dass dieses Bein nicht direkt »angegriffen« wird und es somit keine direkte Antwort auf den Angriff ist. Das fällt den Pferden mental leichter und darum bieten sie es an.

Es ist wichtig, die erste Reaktion zur Kenntnis zu nehmen. Wenn also euer Pferd das Bein auf das Signal hochhebt, aber nicht hoch genug, dann hört ihr trotzdem mit dem Touchieren auf, um ihm zu zeigen, dass die Reaktion richtig war. Dann geht ihr aber noch mal hin und touchiert gleich wieder, um ihm zu signalisieren: Das war schon gut, aber das geht noch besser. Sobald das Bein auf die Gertenhilfe gehoben wird, könnt ihr auch ein verbales Kommando dazunehmen. Ich sage dann zusätzlich zur Touchierhilfe »Paso«. Manchen Pferden hilft es, zusätzlich ein verbales Kommando zu erhalten. Feivel ist zum Beispiel so ein Pferd, das sehr gut auf verbale Kommandos und auch Lob anspricht. Ihm hat es sehr geholfen, dass ich es beim Spanischen Schritt dazugenommen habe. Dadurch hat er mehr Sicherheit erlangt und sich auch mehr getraut.

Kleiner Tipp: Das richtige Timing beim Touchieren ist gar nicht so einfach und da die Vierbeiner doch meistens ein besseres Rhythmusgefühl haben als die Zweibeiner, hilft es sehr, wenn ihr das Touchieren an einem Helfer ausprobiert beziehungsweise übt.

Lasst euch am Anfang bei der Lektion ausreichend Zeit und überstürzt nichts. Zuerst ist jede Seite einzeln dran und ihr versucht, den Viererschritt gut einzuhalten. Dabei dürft ihr aber immer noch vor jedem Hochheben stehen bleiben und euer Pferd darf auch danach das Bein erst mal wieder abstellen, bevor es weitergeht. So bleibt euch beiden genug Zeit, die Hufe und Hände zu sortieren.

Mit dem nächsten Schritt nähern wir uns nun dem beidseitigen Hochheben. Euer Pferd weiß inzwischen, was das Touchieren bedeutet, und sollte das Bein schon etwas hochheben. Idealerweise führt es das Bein auch schon nach vorne, aber selbst wenn es das noch nicht tut, könnt ihr zum nächsten Schritt übergehen. Das Ausstrecken kommt von alleine, je mehr ihr ins Vorwärtsgehen kommt. Für den nächsten Schritt ist ein wenig Geschick auf eurer Seite gefragt, denn ihr müsst nun wechselseitig touchieren. Eigentlich kommt nun die Polka, also der Dreierschritt. Ich habe jedoch bei meinen Kursen die Erfahrung gemacht, dass das für die meisten Teilnehmer, sowohl zwei- als auch vierbeinige, zu schnell geht und sie dann nicht mehr ordentlich arbeiten können. Darum empfehle ich noch einen Zwischenschritt, nämlich den Fünferschritt.

Ihr touchiert nun wechselseitig bei jedem fünften Schritt beziehungsweise euer Pferd geht fünf »normale« Schritte und hebt dann das Bein. Dabei nimmt euer Pferd das Bein mal rechts und mal links hoch. Durch die fünf Schritte dazwischen, kommt die Hinterhand gut nach. Denkt dabei immer daran, dass der erste Schritt immer das erhobene Bein ist. Sollte euer Pferd also mit dem anderen weitergehen, dann ist das bereits der

1

Das erste Beinheben löst ihr durch sanftes Anstupsen mit dem Fuß am Kronrand aus.

2

Anstupsen mit dem Fuß und Gerte werden dann zeitversetzt eingesetzt.

3

Wenn ihr vor dem Pferd mit ausreichendem Abstand arbeitet, könnt ihr es gut mit in die Bewegung nehmen.

zweite. Beim Weitergehen müsst ihr auch auf ein gleichmäßiges Tempo achten und natürlich auf einen ausreichenden Sicherheitsabstand zum Pferd beziehungsweise zum ausholenden Huf.

Sobald euer Pferd nun anfängt, das Bein nach vorne zu strecken, kommt es in euren Bereich. Das ist in dem Moment natürlich gewollt, ebenso das Zurückweichen von euch. Generell ist es aber so, dass euer Pferd euch nicht verdrängen soll. Um diese Situation wieder klarzustellen, beendet ihr die Lektion »Spanischer Schritt«, sobald der Huf nach vorne geführt wird, damit, dass ihr auf euer Pferd zugeht und es vor euch zurückgehen lasst. Dieses Weichen fordert ihr zwar nachdrücklich, aber doch sehr sachte und mit feinen Hilfen. Das Pferd soll dabei nicht zurückgeschickt oder gescheucht werden. Es hat ja nichts falsch gemacht, sondern ihr sagt ihm nur damit, dass die Übung jetzt beendet ist und es euch weichen soll. Einige Schritte reichen vollkommen aus.

Da ihr aber beim Beenden nun wieder in der Anfangsposition zum Spanischen Schritt stehen bleibt, kann es vorkommen, dass euer Pferd meint, es geht wieder von vorne los und das Bein hebt. Das ist nicht schlimm, sondern zeigt nur ein eifriges Pferd. Dennoch müsst ihr nun wieder ein Weichen fordern, sobald euer Pferd ruhig steht. Um das zu vermeiden, wendet ihr euch gleich nach dem Rückwärtsgehen ab, führt euer Pferd neben euch mit weg und beendet so eindeutig die Lektion, indem ihr euer Pferd aus der Situation herausnehmt. Eine kleine Ausnahme gibt es bei sehr schüchternen Pferden, die sich nur zögerlich trauen mit dem Bein in eure Richtung zu zeigen. Diese Pferde brauchen sehr viel Bestärkung und so ein kleiner Schubs fürs Selbstbewusstsein, indem es euch erfolgreich verdrängen darf, ist bei diesen Pferden förderlich. Sobald sie so richtig forsch werden, beendet ihr die Übung wieder mit dem Rückwärts, aber natürlich sachte.

Wenn euer Pferd nun immer geschickter wird, ist es an der Zeit, das Abstoppen immer mehr zu reduzieren. Der richtige Zeitpunkt zum Touchieren beim gehenden Pferd ist, wenn das entsprechende Vorderbein gerade abfußt. Hat es den Boden bereits verlassen, sind Länge und Höhe der folgenden Schritte bereits vorgegeben und nicht mehr groß veränderbar. Steht das Bein noch mit Belastung am Boden, ist es statisch und kann nicht beeinflusst werden. In der Situation sind manche Pferde noch so nett und merken sich ungefähr die Hilfe, was zu einem halbherzigen Versuch führt. Das Timing ist also sehr wichtig.

Für die ersten Versuche verlangsamt ihr euer Pferd noch, damit ihr beide mehr Zeit für Touchieren und Ausführung habt. Damit aus dieser Bewegung dann auch ein richtiger Schritt wird, nehmt ihr euer Pferd sachte mit in die Vorwärtsbewegung, wenn das gestreckte Bein den höchsten Punkt erreicht hat. Achtet jetzt darauf, dass euer Pferd bei den Zwischenschritten nicht zu schnell wird und auf die Vorhand fällt. Daher sollte auch der Kopf nicht zu tief kommen, sonst wird die Schulter blockiert. Bei dem Training gibt es nun noch etwas sehr Wichtiges zu beachten. Das Rückwärtsgehen, auf Abstand achten und dann auch noch zeitgenau und zielsicher touchieren erfordert schon einiges an Konzentration und Koordination von euch. Das ist alles andere als einfach und da kann man schon mal vergessen zu loben. Das ist aber ganz wichtig, denn sonst meint euer Pferd, dass es doch nicht so »wild« sein darf. Meistens wird dann der vorher ausdrucksstarke Schritt immer niedriger, doch das fällt dem Menschen vor lauter Konzentration dann gar nicht auf. Euer Pferd wird aber immer unsicherer, weil das Lob fehlt und in der Folge kommt immer weniger Aktion. Irgendwann fällt es dann doch auf und darauf hin wird oft mehr touchiert. Schließlich hat der Spanische Schritt doch schon gut geklappt. Der Mensch meint also, dass das Pferd einfach nicht aufpasst oder keine Lust mehr hat und richtig herausgefordert werden muss. Für das Pferd ist das nur eine Bestätigung, dass es sich zu viel getraut hat, weil ihr jetzt sauer werdet und es macht gar nichts mehr. Und das alles nur, weil das Lob vergessen wurde.

Das Gute daran ist, dass euer Pferd sich mit ganz viel Lob und Bestärkung wieder raustraut und selbstbewusster wird. Eine kleine Ausnahme gibt es auch hier. Ganz wenige Pferde kann man tatsächlich nachtouchieren, also mehr und auch ein wenig fester touchieren, wenn sie zu wenig zeigen. Das sind Pferde mit Selbstbewusstsein, die auch ein höheres Aggressionspotential haben. Die werden einfach mal sauer und die Hufe fliegen dann richtig. Mein Cisco ist so ein Typ. Die meisten Pferde sind aber eher der Mehr-Lob-Typ. Diesen Fünferschritt übt ihr mit eurem Pferd so lange, bis es diesen Rhythmus eine ganze lange Seite in gleichmäßigem Tempo durchhalten kann. Dadurch, dass ihr vor eurem Pferd rückwärtsgeht, könnt ihr es gut in die Bewegung mitnehmen, beide Vorderbeine gleich gut erreichen und habt alles bestens im Blick.

Wenn ihr ein Pferd habt, das die Lektion sehr ruhig ausführt, könnt ihr relativ schnell zum Dreierschritt übergehen. Bei Pferden, die übereifrig sind und auch schon mal die Beine durcheinanderbringen, bleibt ihr länger beim Fünferschritt und legt eventuell sogar immer wieder Stehpausen ein, damit euer Vierbeiner etwas runterkommen kann. Das nächste Teilziel ist nun, dass der Dreierschritt oder Polka in einem gleichmäßigen Rhythmus ohne Abstoppen und mit aktiver Hinterhand flüssig durchgehalten wird. Dabei lobt ihr jeden erhobenen Schritt, belohnt aber nicht mehr jedes Mal, sondern nur noch ab und zu. Achtet dabei aber darauf, dass ihr nicht unbewusst in einen festen Rhythmus verfallt. Euer Pferd merkt sich solche Sachen sehr genau und wenn ihr jetzt jeden vierten Schritt belohnt, wird es bald auch nur noch jeden vierten Schritt richtig gut machen. Indem ihr aber unvorhergesehen belohnt und natürlich auch, wenn etwas besonders gut ist, wird es sich immer anstrengen, um die Belohnung zu bekommen.

Wie bereits erwähnt, ist der Spanische Schritt sehr anspruchsvoll, wenn ihr ihn richtig und gesund für euer Pferd ausführen wollt. Darum lasst euch auch die benötigte Zeit. So kann es je nach Talent des Vierbeiners schon einige Monate dauern, bis die Polka wirklich gleichmäßig durchgehalten werden kann. Erst dann könnt ihr einmal jeden Schritt fordern. Auch diese Übung löst ihr wieder von vorne aus, um wirklich gleichmäßig touchieren zu können und damit beide Vorderbeine gleich hochgehoben werden. Reduziert das Tempo ein wenig und fordert euer Pferd durch Touchieren oder Hinzeigen auf, die Vorderbeine wechselseitig ohne Zwischenschritt zu heben und dabei vorwärtszugehen. Drei bis vier Schritte in Folge sind genug, denn die Hinterhand muss gleichmäßig mitgehen und das ist nicht einfach. Nach diesen paar Schritten lasst ihr euer Pferd wieder einige Schritte »normal« gehen, bevor ihr erneut für wenige Schritte den Spanischen Schritt fordert.

Durch dieses »normale« Gehen dazwischen hat euer Pferd Zeit, mit der Hinterhand wieder gut unterzutreten und sein Gleichgewicht wiederzufinden. Ihr fordert erst wieder eine Sequenz Spanischen Schritt, wenn euer Pferd dazwischen schön gleichmäßig und gerade geht und sich nicht verspannt. Dabei ist es egal, wie lange diese Schrittphase ist. Mit der Zeit wird euer Pferd immer schneller seinen gleichmäßigen Rhythmus finden und ihr könnt diese »normale« Schrittphase immer kürzer machen und die Spanische Schrittphase immer länger, bis ihr die Zwischenschritte nicht mehr braucht.

Wie könnt ihr die Übung weiter ausbauen?

Natürlich geht ihr nicht auf Dauer vor eurem Pferd rückwärts, wenn es im Spanischen Schritt gehen soll. Es ist aber die Position, in der ihr den meisten Einfluss auf die Lektion nehmen und auch am besten korrigierend eingreifen könnt. Darum

Wenn das Pferd bereits sicher im Spanischen Schritt ist, klappt es auch von der Seite.

ist und bleibt es auch die Position, die ihr später immer wieder einnehmt, um eine Verbesserung zu erreichen oder eine Korrektur vorzunehmen. Der Spanische Schritt kann auch von der Seite abgerufen werden, wenn euer Pferd die Übung schon sehr gut ausführt.

Von der Position an der Schulter eures Pferdes habt ihr wenig Einfluss auf die Vorwärtsbewegung und die Aktivität der Hinterhand, sodass euer Pferd die Lektion schon sehr selbstständig ausführen muss. Damit ihr die Lektion von der Seite aus abrufen könnt, muss euer Pferd eine Variation der Hilfe erkennen oder erlernen. Ihr könnt nun nicht mehr präzise am Oberarm touchieren, sondern die Hilfe nur noch andeuten. Dazu nehmt ihr euer Pferd am Führstrick und geht mit etwas Abstand neben ihm her. Die Gerte haltet ihr vor dem Griff, sodass noch ein Stückchen Gerte raussteht. Mit diesem kurzen Stück Gerte könnt ihr die zu euch zeigende Schulter eures Pferdes antippen, während ihr die Gerte vor die Brust eures Pferdes haltet. Aus dieser Position könnt ihr auch die gegenüberliegende Schulter erreichen. Die meisten Pferde lernen recht schnell, dass die quer gehaltene Gerte das Zeichen für den Spanischen Schritt ist. Ihr könnt eurem Pferd noch helfen, indem ihr den Kopf am Strick etwas oben haltet. Je mehr es diesen absenkt, desto mehr kommt es auf die Vorhand und die Schritte werden immer weniger hoch.

Beim Spanischen Schritt von der Seite aus ist also ein gewisses Vorwegnehmen des Pferdes erwünscht. Sobald der erste Schritt erfolgt, gehen die meisten Pferde auch im Spanischen Schritt weiter, aber sie müssen erst noch lernen, die Höhe auch über mehrere Schritte zu halten, ohne jedes Mal dazu aufgefordert zu werden. Das könnt ihr am besten dadurch erreichen, indem ihr am Anfang immer nur wenige Schritt fordert, die ihr natürlich ausgiebig lobt. Ihr hört auf, wenn die Schritte noch gleich hoch sind oder zumindest wenn der erste niedrigere Schritt kommt. Die Anzahl der Schritte dehnt ihr dann einfach langsam immer mehr aus. Da ihr von der Seite das äußere Bein nicht so gut erreichen könnt, passiert es öfter, dass dieses Bein nicht mehr ganz so hoch gehoben wird. Das korrigiert ihr wieder aus der Position vor dem Pferd, bevor ihr erneut an die Seite geht. Um nicht immer das gleiche Bein außen zu haben, ist es sinnvoll, wenn ihr den Spanischen Schritt von beiden Seiten abruft.

Jedes Pferd geht mit der Herausforderung des Spanischen Schritts ein wenig anders um und darauf müssen wir uns auch im Training einstellen. Meine drei Appaloosas sind vom Wesen und Lernverhalten her sehr unterschiedlich und das zeigt sich gerade auch im Spanischen Schritt. Cisco ist ein sehr offensives Pferd und er betont den kampfbetonten Teil des Spanischen Schritts. Dabei ist er sehr selbstbewusst und reagiert sofort auf Herausforderungen. Daher ist er eines der wenigen Pferde, die man gut nachtouchieren kann. Wenn er also nicht hoch genug hebt, touchiere ich einfach noch mal und zwar durchaus ein wenig stärker. Die Reaktion kommt auch prompt. Er springt auf die Herausforderung an und zeigt gleich eine heftigere und höhere Reaktion. Bei diesen Pferden ist es natürlich enorm wichtig, dass sie die Abstandsregeln sehr gut verinnerlicht haben.

Carlito ist ein sehr extrovertiertes Pferd, das auch schnell zu Überreaktionen neigt, frech, aber kein großer Kämpfer, wenn er Gegenwind bekommt. Solche Pferde sind toll für die Freiarbeit, aber neigen dazu, unüberlegt heftige Reaktionen zu zeigen. Wenn ich Carlito nachtouchieren würde, würde er einfach mal sein Bein einziehen und mich mit großen entsetzten Augen ansehen oder wild wegspringen. Bei ihm hilft einfach nur ganz viel und anfeuernd loben, damit er mehr zeigt. Sobald diese Pferde sich mal raustrauen, bekommt man meistens auch sehr viel – manchmal mehr, als man will. Da kann dann schon mal ein beidseitiges Beinheben rauskommen. Das ist nicht böse gemeint, sondern er hat einfach mal im Eifer des Gefechts die Beine komplett durcheinandergebracht. So hat Carlito dann auch Steigen gelernt.

Feivel dagegen ist ein Pferd mit einem gewissen Aggressionspotenzial und weiß sehr genau, was es da tut. Ein Nachtouchieren würde ihn psychisch sehr unter Druck setzen. Er braucht ganz viel Lob, weiteren Abstand zu mir und immer wieder Pausen, damit er alles verarbeiten kann. Anfangs brauchte er auch ein Entlassen in den Freilauf, um die Spannung wegzubuckeln, bis er wieder zurückkommen konnte. Vom Körperbau her fällt es ihm auch nicht ganz leicht, die Lektion auszuführen, sodass ich nur kurze Einheiten fordere, damit er nicht verspannt. Es ist daher immer wichtig herauszufinden, welcher Typ oder Mischtyp euer Pferd ist und das Training entsprechend anzupassen.

Die Übung unter dem Reiter

Der Spanische Schritt unter dem Reiter ist eine sehr beeindruckende Übung. Ein Helfer, der vom Boden aus die bekannten Hilfen gibt, erleichtert das Erlernen, aber manche Pferde begreifen es auch gleich, wenn die Hilfe vom Reiter kommt. Euer Pferd trägt einen Kappzaum, eng sitzendes Halfter, Sidepull oder Trense. Zäumungen mit Hebelwirkung sind für das Erlernen nicht geeignet. Die Hilfen für den Spanischen Schritt unter dem Reiter sind ein Hochheben und leichtes »Klingeln« am Zügel der Seite des zu hebenden Beins und ein leichtes Treiben mit dem gegenüberliegenden Schenkel, damit die Hinterhand gut nachkommt. Für euer Pferd bedeuten diese Hilfen am Anfang noch nicht viel, außer dass es die treibende Hilfe natürlich schon kennt. Jetzt muss es diese Hilfenkombination mit der vom Boden erlernten Bewegung verbinden.

Der Spanische Schritt unterm Reiter klappt mit etwas Training auch nur mit Halsring.

Habt ihr einen Helfer, der die Hilfengebung zum Spanischen Schritt vom Boden aus kennt und ausführen kann, dann könnt ihr euch nur auf die Reiterhilfen konzentrieren. Der Helfer steht vor eurem Pferd und vermittelt ihm bereits durch die Position, um welche Lektion es nun geht. Für das linke Vorderbein hebt ihr jetzt die linke Hand und klingelt leicht mit dem Zügel. Der rechte Zügel bleibt auch dran und hält sozusagen das Gleichgewicht, sodass das Pferd sich nicht verwirft. Wenn beim ersten Versuch erwartungsgemäß keine Reaktion erfolgt, gibt euer Helfer von unten die bekannte Touchierhilfe. Beim Heben des Beins lobt ihr euer Pferd natürlich sofort.

Falls es ein Vorangehen anbieten sollte, treibt ihr es mit dem rechten Schenkel etwas nach vorne, sobald das Bein den höchsten Punkt erreicht hat und senkt zusammen mit dem Bein die Hand wieder ab. Ist einmal ein Anfang gemacht, fangen viele Pferde bereits von sich aus an, das zweite Bein und den Spanischen Schritt anzubieten. Wenn euer Pferd zu dieser eifrigen Sorte gehört, begleitet ihr die Bewegung mit der Hilfengebung vom Sattel aus und unterstützt euer Pferd. Der Helfer am Boden ist dabei meist nicht mehr nötig.

Ohne Helfer wird es für euch zwar ein wenig komplizierter, aber es ist durchaus möglich. Dafür braucht ihr zwei Gerten, die ihr mit dem Zügel in jeder Hand haltet. Mit dem Hochheben der Hand touchiert ihr euer Pferd an Oberarm/Schulter. Durch das Touchieren vibriert auch eure Zügelhand und das ist letztlich wieder die Hilfe, die übrig bleibt. Damit ihr auch gut überprüfen könnt, ob euer Pferd die reine Zügelhilfe bereits verstanden hat, hebt ihr zuerst die Hand und vibriert mit dem Zügel. Dann gebt ihr eurem Pferd eine kleine Nachdenkzeit, bevor ihr ihm, wenn es nicht reagiert, die weitere Hilfestellung mit der Gerte gebt. Sobald das Beinheben auf die Zügel- und Gertenhilfe gut klappt, versucht ihr mit dem treibenden, gegenüberliegenden Schenkel, euer Pferd in die Vorwärtsbewegung zu bringen. Je nachdem, wie euer Pferd reagiert, lasst ihr es nun gleich einige Schritte im Spanischen Schritt machen oder nur einen Schritt und dann nach dem Abstellen erst noch einige »normale« Zwischenschritte, bevor es das andere Bein hochnimmt.

Beim Spanischen Schritt unter dem Reiter müsst ihr bedenken, dass sich euer Pferd nun mit euch zusammen neu ausbalancieren muss, wenn es das Bein so hoch und weit hebt. Lasst ihm also genügend Zeit, diese Balance auch zu finden, indem ihr immer nur wenige Schritte fordert und es dann wieder in schöner Dehnungshaltung gehen lasst. Nach diesen Lockerungsphasen nehmt ihr es wieder auf und bringt etwas Spannung ins Pferd, eventuell durch ein kurzes Rückwärtsrichten, bevor ihr erneut einige Schritte fordert. Mit der Zeit wird euer Pferd immer mehr Schritte am Stück machen können und dabei auch mit der Hinterhand gut mitkommen.

39

Der
Spanische Gruß

Das Training zum Spanischen Schritt muss noch nicht absolut sicher in der Bewegung sitzen, wenn ihr mit dem Gruß anfangen wollt, jedoch sollte euer Pferd auf das Gertensignal oder ein leichtes Touchieren am Oberarm bereits das Vorderbein hochheben und nach vorne strecken.

Eigentlich ist das, im Stehen ausgeführt, bereits der Spanische Gruß, nur wird euer Pferd das Bein wahrscheinlich recht schnell absenken oder auch mal anfangen, mit dem Huf zu scharren. Es soll nun aber lernen, dass es das Bein so lange gestreckt oben halten soll, bis ihr die Gerte wieder absenkt. Da diese Bewegung der Gerte für euer Pferd am Anfang keine Bedeutung hat, nehmt ihr am Anfang die Bewegung eures Pferdes auf und senkt die Gerte gleichzeitig mit dem Bein ab, wenn das Pferd es wieder abstellt.

Der Spanische Gruß unter der Reiterin.

Der Spanische Gruß.

Ihr imitiert also sozusagen die Bewegung, die euer Pferd vorgibt und spiegelt sie. Dabei könnt ihr ein verbales Kommando geben, auf das euer Pferd später das erhobene Bein zeigen soll, zum Beispiel »Gruß« oder »Grüßen«.

Zum Absetzen könnt ihr zusätzlich ein Kommando wie »Ab« geben. Wie ich schon erwähnt habe und ihr nun sicher auch schon wisst, braucht es schon einige Wiederholungen, bis euer Pferd die eigene Bewegung mit euer Gertenhilfe in Zusammenhang bringt.

Zwischendurch könnt ihr auch überprüfen, ob euer Pferd die Verknüpfung bereits hergestellt hat. Wenn es nun das Bein wieder absenken will, haltet ihr die Gerte weiter oben und gebt noch mal das verbale Kommando. Reagiert euer Pferd bereits darauf und hält nun inne beim Absetzen oder nimmt es sogar wieder etwas höher, dann lobt ihr es natürlich überschwänglich und dehnt so langsam die Haltezeit länger aus.

Wenn ihr aber merkt, dass euer Pferd noch nicht auf die Hilfestellung reagiert, dann folgt ihr wieder seiner Bewegung und probiert es einfach später noch einmal. Mit der Zeit wird das Pferd eurer Bewegung folgen und das erhobene Bein mit der Gertenhilfe synchronisieren.

40

Der Spanische Trab

Für diese Lektion braucht ihr ein Pferd, das bereits sehr sicher im Spanischen Schritt ist und diesen auch lange durchhalten kann. Das erfordert schon einiges an Übungszeit und auch ein talentiertes, energiegeladenes Pferd. Euer Pferd geht für diese Lektion neben euch her und ihr ruft den Spanischen Schritt aus dieser Position ab. Dabei achtet ihr darauf, dass euer Pferd den Kopf nicht zu sehr absenkt. Bei einigen Pferden funktioniert es, wenn ihr sie nun nach der Schritteinheit einfach antraben lasst und die Hilfe zum Spanischen Schritt im Trab gebt. Meistens kommen jetzt einige erhobene Schritte, bei denen ihr eurem Pferd mit dem Führstrick eine kleine Stütze und einen Impuls nach oben geben müsst. Lasst es lediglich zwei bis drei Schritte machen, haltet an und lobt es ganz enthusiastisch.

Das ist schon eine ganz tolle und vor allem anstrengende Leistung. Das Pferd muss sich dabei sehr auf die Hinterhand setzen, um wirklich frei aus der Schulter heraus zu treten und sich

Der Spanische Trab, eine sehr anstrengende Übung für das Pferd.

vorne anzuheben. Das erfordert einiges an Kraft und darum solltet ihr darauf achten, euer Pferd nicht zu überfordern und anfangs nur immer wenige Tritte zu fordern. Mit der Zeit, Übung und zunehmender Geschicklichkeit wird euer Pferd von sich aus mehr anbieten. Sollte euer Pferd nicht gleich auf die Hilfe im Trab reagieren, könnt ihr es auch langsamer aufbauen. Dazu ruft ihr wieder seitlich den Spanischen Schritt ab und lasst euer Pferd einige Schritt ausführen. Danach fordert ihr es zu einer kurzen Trabeinheit auf, um wieder zum Spanischen Schritt zu wechseln. Das wiederholt ihr einige Male, bis euer Pferd schon eifrig in den Trab drängt.

VIDEO

Mogli zeigt im Video die
ersten Versuche zum Spanischen Trab.

Dann könnt ihr wie bei der ersten Methode weitermachen und im Trab die Hilfe geben. Euer Pferd wird versuchen, die Vorderbeine auch im Trab zu heben. Wie bei den Anfängen zum Spanischen Schritt, so lobt ihr auch jetzt die kleinen Versuche, also jedes bisschen Höherheben der Vorderbeine im Trab. Durch den Schwung dauert es meistens nicht lange, bis auch eine weite, schwungvolle Bewegung gezeigt wird. Dabei könnt ihr euer Pferd noch unterstützen, indem ihr es am Strick kurz haltet und aufpasst, dass es den Kopf nicht zu tief nimmt. Meistens bekommen die Pferde durch das Ausholen mit der Vorhand auch ziemlich Schwung nach vorne und wenn sie noch nicht sehr geübt sind, fehlen ihnen noch Geschick und Kraft, um das Gewicht nach hinten zu verlagern. Darum reichen für den Anfang auch zwei bis drei Schritte, gefolgt von einer Pause. Das baut ihr dann langsam zu einer längeren Phase aus.

41

Das **Steigen**

Das Steigen ist eine Übung aus dem Spiel- und Kampfverhalten besonders bei Hengsten und Wallachen, aber auch Stuten zeigen es vereinzelt beim Spielen. Das Steigen ist sehr beeindruckend und selbst ein Shetty wirkt auf zwei Beinen schon sehr groß. Nicht ohne Grund ist das Training zum Steigen auch am Ende des Buchs aufgeführt, denn bis dahin habt ihr schon einige Erfahrung mit eurem Pferd gesammelt und vor allem schon einige Zirkuslektionen zusammen erlernt. Darum beschreibe ich hier auch lieber nicht, wie ich es meinem Cisco beigebracht habe, denn das ist definitiv nicht zur Nachahmung geeignet. Ich war dabei allerdings sehr kreativ, da ich keinen Helfer zur Verfügung hatte. Außerdem kannte ich meinen Cisco damals schon einige Jahre und wir hatten schon einige verrückte Sachen zusammen erlebt. Meine anderen Pferde haben es dann aber auf durchdachtere Art und Weise gelernt.

VIDEO

Hier seht ihr die allererste **Reaktion in Richtung Steigen** bei der Freiarbeit.

Wie soll die Übung aussehen?

Beim Steigen erhebt sich das Pferd auf die Hinterbeine und winkelt die Vorderbeine dabei an. Manche Pferde holen auch mit den Vorderbeinen aus, wenn sie sich dem Boden wieder nähern oder sie den höchsten Punkt erreicht haben. Darum ist es wichtig, auf einen Sicherheitsabstand zu achten. Als Sichtzeichen nehmt ihr dabei mit Energie die Arme mit der Gerte hoch und fordert euer Pferd auf, diesen in die Höhe zu folgen. Dabei könnt ihr es auch noch mit einem verbalen Kommando unterstützen wie zum Beispiel »Allez«. Mit der Zeit sowie zunehmender Kraft und Übung sollte euer Pferd so lange erhoben bleiben, bis ihr die Arme wieder senkt.

Welches Zubehör braucht ihr dazu?

Als Zubehör braucht ihr für diese Übung zwei Gerten, möglichst Bogenpeitschen, Leckerlis, viel Energie und wenn ihr ein energiegeladenes Pferd habt, auch einen Helm.

Wo liegen die Belastungen für das Pferd?

Beim Steigen erhebt sich das Pferd auf die Hinterhand. Das ist schon eine große Kraftanstrengung und eine zusätzliche Belastung für die Gelenke der Hinterhand wie besonders das Sprunggelenk und Kniegelenk. Bei Erkrankungen in diesem Bereich ist die Übung nicht so gut geeignet. Auch bei chronischen Erkrankungen an den Vorderbeinen ist das Steigen nur bedingt geeignet und da ist vor allem auf die Bodenverhältnisse zu achten.

Welche Herausforderung gibt es für das Pferd?

Was beim Steigen oft vergessen wird, ist, dass das Pferd nicht nur körperlich in der Lage sein muss, diese Übung zu zeigen, sondern sie auch mental verkraften muss. Steigen ist ein Teil des Rauf- und Kampfverhaltens der Pferde und somit mit einem gewissen Anteil an Aggression verknüpft – je nach Charakter mit mehr oder weniger davon. Dennoch müssen auch Pferde, die es nur im Spiel verwenden, lernen, dass es als Übung nicht dem Angriff dient. Pferde, die es auch dem Menschen gegenüber schon als Angriffsform gebraucht haben, tun sich mental oft sehr schwer damit, es von diesem Aggressionsverhalten abzukoppeln. Dabei wird es in der erlernten Form selten zum Angriff »missbraucht«, aber das Pferd verspürt doch den damit verbundenen Stress sehr deutlich, den es jedoch nicht abreagieren kann. Somit kann das mental eine große Belastung darstellen und muss langsam antrainiert und immer beachtet werden. Auch körperlich ist das Steigen eine ziemliche Anstrengung und stellt hohe Anforderungen an Kraft und Balance. Darum müsst ihr eurem Pferd auch genug Zeit dafür lassen, mehr Höhe zu gewinnen.

Welche Anforderungen stellt die Übung an den Menschen?

Da das Steigen eigentlich zum Rauf- und Kampfverhalten der Pferde gehört, braucht es zum Abrufen einiges an Energie. Dennoch darf sich das Pferd durch euch nicht zu arg bedrängt

Ein schönes Steigen von Feivel.

fühlen. Das setzt eine genaue Beobachtungsgabe voraus, um Stressanzeichen zu erkennen, ein gutes Timing, um die kleinen Bemühungen zu sehen, zu belohnen und zu festigen und auch Erfahrung darin, die eigene Energie kontrollieren zu können. Auch sollte die Beziehung zu eurem Pferd selbst in ungewohnten Situationen auf einem festen Fundament stehen und ihr solltet imstande sein, die Reaktionen eures Pferdes einzuschätzen und in geregelte Bahnen zu lenken. Dafür ist es wichtig, dass ihr im Vorfeld schon an den Abstandsregeln gearbeitet habt und euer Pferd weiß, dass es einen Sicherheitsabstand einzuhalten hat.

Wie wird die Übung trainiert?

Idealerweise kennt euer Pferd bereits den Spanischen Gruß oder Schritt und kann auf Gertensignal zuverlässig das Vorderbein heben.

Da auch diese beiden Lektionen ihren Ursprung im Imponierverhalten des Pferdes haben, konntet ihr beim Training bereits Erfahrungen mit dem Verhalten eures Pferdes sammeln und habt gelernt es einzuschätzen. Solange ihr beim Spanischen Schritt noch Probleme habt, dass euer Pferd den gewünschten Abstand zu euch einhält, beziehungsweise es euch schwer fällt, diesen Abstand wieder herzustellen, ist ein Training am Steigen noch zu früh.

Wie bei den meisten Lektionen gibt es hier auch verschiedene Methoden, um euer Pferd dazu zu bringen, sich auf die Hinterbeine zu erheben. Am leichtesten geht es, wenn ihr ein übermotiviertes Pferd habt, das von sich aus schon zu Überreaktionen neigt. Diese Sorte Pferd versucht meistens schon die Lektionen vorwegzunehmen und reagiert bereits auf kleine Zeichen, nicht immer mit der gewünschten Reaktion, aber eine Reaktion bekommt ihr auf jeden Fall.

Bei diesen Pferden könnt ihr beim Training zum Spanischen Schritt oft schon feststellen, dass sie im Eifer die Vorderbeine durcheinanderbringen und dann mit beiden Beinen hochhopsen. Während man beim Spanischen Schritt nun Energie rausnehmen muss und das Pferd zur Ruhe bringt, um wieder weite Schritte zu bekommen,

VIDEO

Die Junghengste zeigen deutlich, wo die Bewegungen ihren Ursprung haben.

bringt ihr beim Training zum Steigen nun Energie in die Übung.

Ihr habt nun die Möglichkeit, beim übereifrigen Pferd diese kleinen Hopser zu loben und mit der Gerte nach dem Touchieren nach oben zu zeigen. So gebt ihr eurem Pferd eine Idee, in welche Richtung es gehen soll. Dabei ist es wichtig, dass ihr einen ausreichenden Abstand zu eurem Pferd einhaltet, denn im Moment des Hochhüpfens könnt ihr die Bewegung noch verstärken, indem ihr euch groß macht und euch ein wenig auf euer Pferd zubewegt oder euch zu ihm neigt. Das veranlasst euer Pferd dazu, sein Gewicht zurückzunehmen, und erleichtert es ihm, mit der Vorhand vom Boden wegzukommen.

Dabei beobachtet ihr das Pferd genau, ob es Anzeichen von Unbehagen zeigt und zu sehr zurückweicht. In dem Fall fühlt es sich von euch zu sehr bedrängt und ihr müsst die Aufforderung weniger offensiv gestalten. Verlangt am Anfang nicht zu viel. Ein kleiner Minihopser reicht vollkommen aus und wird natürlich sofort gelobt und auch belohnt. Das Belohnungsleckerli hat dabei nicht nur den Zweck, dem Pferd die Übung begreiflich zu machen, sondern dient auch dazu, dass es abkaut und damit gleichzeitig entspannt und ausatmet. Denn auch wenn es nicht so aussieht, ist dieser Minihopser in Konfrontation mit dem Menschen eine große Anspannung für das Pferd und ihr müsst ihm versichern, dass es alles gut und richtig gemacht hat.

Euer Pferd wird mit zunehmender Übung und Geschicklichkeit und natürlich viel Lob und Bestärkung mit der Zeit von sich aus mehr Höhe anbieten. Dann gibt es auch die Vierbeiner, die den Spanischen Schritt oder auch Gruß ganz brav anbieten und ausführen. Bei diesen Pferden bekommt ihr keine Überreaktionen, was ja eigentlich auch erwünscht ist. Die Vorarbeit besteht hier darin, einfach die Reaktion auf das Touchieren oder auch Hinzeigen mit der Gerte zu verfeinern. Je besser und schneller die Reaktion erfolgt,

1

Zuerst wurde der Spanische Gruß abgerufen und dann beide Seiten schnell hintereinander touchiert.

2

Bei den nächsten Versuchen geht es schon höher.

3

Noch etwas unsicher und mit gestrecktem Bein. Darum ist der Abstand auch wichtig.

desto leichter klappt dann auch der erste Versuch des Steigens. Dafür stellt ihr euch wie beim Spanischen Schritt vor euer Pferd und nehmt zwei Gerten oder, für den Abstand noch geeigneter, zwei Bogenpeitschen in die Hände. Ein Helfer hat dabei euer Pferd am Führstrick und steht seitlich etwa auf Bauchhöhe am Pferd. Der Strick darf dabei ruhig gestrafft sein und einen Impuls nach oben geben. Das kann eurem Pferd zusätzlich eine Idee geben, was es tun soll, und zudem noch etwas mehr Stabilität.

Jetzt lasst ihr euer Pferd im Stehen abwechselnd die Vorderbeine heben. Zuerst kann das ganz langsam erfolgen, bis euer Pferd gut darauf reagiert. Dann löst ihr die Situation wieder auf und geht einige Schritte, bevor ihr es noch mal versucht, nur diesmal erhöht ihr

Conquest hat es auch aus dem Spanischen Gruß erlernt.

Bei forschen Pferden sind ein Halfter und Strick auf jeden Fall ratsam und eventuell auch ein Helfer, der das Pferd noch zusätzlich sichert.

die Geschwindigkeit. Der Wechsel soll nun schon schneller erfolgen. Der nächste Schritt ist jetzt, dass ihr euer Pferd die Lektion wieder im schnellen Wechsel ausführen lasst und dann in der Übung plötzlich mit beiden Gerten gleichzeitig touchiert und die Gerten mit Energie nach oben führt. Die Richtung, in die euer Pferd sich heben soll. Euer Helfer am Seil kann nun noch einen Impuls nach rückwärts-oben geben.

Idealerweise bekommt ihr jetzt von eurem leicht verwirrten Pferd einen klitzekleinen Minihopser. Der wird nun natürlich sofort überschwänglich gelobt und belohnt. Ihr dürft nicht vergessen, dass ihr gerade am Anfang euer Pferd aus Pferdesicht massiv bedrängt und das nicht einfach zu verarbeiten ist. Für diese Leistung und auch um die Sicherheit zu vermitteln, dass nichts passiert, muss das ausgiebig bestärkt werden. Sollte euer Pferd dabei zurückweichen und nicht nur das Gewicht nach hinten verlagern, dürft ihr aus diesem Grund auch nicht nachsetzen und weiter oder sogar stärker touchieren. Stattdessen lasst ihr es etwas zur Ruhe kommen, verlangt dann das Beineheben mit mehr Abstand. Dabei geht ihr rückwärts von eurem Pferd weg wie beim Training zum Spanischen Schritt. Nach einigen Intervallen bleibt ihr wieder stehen und fordert das schnelle wechselseitige Heben.

Euer Helfer bleibt dabei neben dem Pferd in Position, damit das nichts Ungewöhnliches mehr ist. Erst wenn ihr merkt, dass ihr die Übungen wieder sicher und ohne Stress ausführt, könnt ihr einen neuen Versuch mit dem beidseitigen Touchieren machen. Es kann und darf auch schon einige Übungseinheiten dauern, bis ihr zum nächsten Schritt weitergehen könnt. Bei Pferden, die sich mit dem Hochhopsen eher schwer tun, könnt ihr es auch mit mehr Hilfestellung versuchen, wenn ihr noch einen Helfer auftreiben könnt. Das Touchieren bleibt gleich, aber ihr befestigt nun rechts und links am Halfter einen langen Führstrick. So können die Helfer dem Pferd von beiden Seiten Stabilität geben, wobei sie aber auf ausreichend Abstand zum Pferd achten. Da ihr euer Pferd durch diese Hilfestellung allerdings mehr fixiert gilt hier ganz besonders, dass ihr gut auf Stressanzeichen achten müsst.

Pferde, die es gewohnt sind, beidseitig am Kopf fixiert zu werden, wie zum Beispiel beim beidseitigen Anbinden in der Stallgasse, werden sich oft sehr gern auf diese zusätzliche Stütze einlassen. Bei Pferden, die normalerweise wenig angebunden werden, solltet ihr einfach ein wenig schauen, wie sie darauf reagieren und ob es ihnen nicht zu unangenehm ist. Eine andere Möglichkeit eurem Pferd zu vermitteln, was ihr von ihm wollt, ist, ein Antraben aus dem Rückwärts zu verlangen. Auch dafür ist es sehr hilfreich, wenn das Pferd bereits den Spanischen Schritt oder Gruß auf Gertenhilfe kennt. Ihr verlangt nun von vorne am losen Strick einige Schritte rückwärts von eurem Pferd und lasst es dann daraus zuerst im Schritt angehen, später auch antraben. Da ihr dabei vor dem Pferd seid, geht ihr rückwärts vom Pferd weg und stoppt es nach einige Schritten mit der erhobenen Hand.

Dabei sollte es in jeder Phase genügend Abstand zu euch einhalten. Schon recht schnell wird euer Pferd auf das Vorwärts warten und schneller und energischer antreten, was ihr natürlich durch Lob und Anfeuern noch steigern könnt. Wenn ihr das merkt, könnt ihr einmal versuchen, beim Antreten das Beineheben zu fordern und die Gerte nach oben zu führen. Dabei blockiert ihr ein Vorwärts durch euren Körper und lasst eurem Pferd so nur noch den Weg nach oben. Je nach Pferdetyp kommt dann auch bald der Hopser nach oben.

Nur der Vollständigkeit halber möchte ich noch erwähnen, dass es auch eine Methode gibt, bei der eine Fußlonge eingesetzt wird. Voraussetzung ist natürlich, dass das Pferd daran gewöhnt ist. Diese Methode ist für das Pferd nicht schädlich, wenn sie richtig eingesetzt wird, aber durch die komplexe Handhabung sollte sie nur im Beisein und unter Anleitung einer bereits darin erfahrenen Person ausgeführt werden.

Jetzt habt ihr vielleicht ein Pferd, mit dem ihr schon einige Erfahrung in der Freiarbeit gesammelt habt und möchtet nun das Steigen in das Training einbinden. Die Voraussetzung dafür ist, dass euer Pferd bereits gut reagiert und auch weiß, dass es einen Abstand zu euch einzuhalten hat. Bei dieser Methode wird das Steigen aus einer schnellen Wendung um die Hinterhand entwickelt. Dafür sollte euer Pferd bereits gelernt haben, neben euch zu galoppieren und anzuhalten. Wenn das klappt, dann versucht einfach mal selber, schnell anzuhalten und in die andere Richtung abzuwenden. Dabei probiert ihr, euer Pferd

Bei der schnellen Hinterhandwendung kommen beide Vorderbeine vom Boden weg – das ist der erste Schritt.

zu animieren, auf der Hinterhand umzuspringen. Gerade wenn ihr schon ein bisschen mit dem Spannungsaufbau gespielt habt, kann das bereits beim ersten Mal gut gelingen. Spannung könnt ihr aufbauen, indem ihr viele Übergänge mit eurem Pferd macht, die energiegeladen ausgeführt werden sollen. Dafür eignen sich Stopps, Rückwärts und Antraben oder Angaloppieren daraus. Achtet aber darauf, dass euer Pferd trotzdem noch auf euch hört und bringt immer wieder Ruhe in die Übung, indem ihr das Pferd lobt, krault, belohnt und stehen lasst.

Wenn nun das erste Herumspringen mit erhobenen Vorderbeinen geklappt hat, stoppt ihr euer Pferd gleich, lobt es ganz enthusiastisch und gebt ihm so eine richtige Wohlfühlpause. Im weiteren Verlauf und wenn euer Pferd so langsam herausfindet, was ihr mit der Wendung so genau von ihm wollt, werden die meisten Pferde von allein anfangen, höher zu kommen. Das könnt ihr dann noch etwas unterstützen, indem ihr am Ende der Wendung einen kleinen Schritt auf euer Pferd zugeht und die Gerte nach oben hebt. Pferde, die auf den Abstand zu euch beziehungsweise auch den eigenen Individualabstand achten – und nur mit denen solltet ihr das so üben – werden dadurch animiert, das Gewicht noch ein wenig mehr auf

Gebt eurem Pferd Zeit, um mehr Höhe zu entwickeln.

die Hinterhand zu verlagern, was es ihnen ermöglicht, besser in die Höhe zu kommen.

Dadurch, dass euer Pferd langsam anfängt, eure Haltung und die erhobene Gerte mit der Bewegung des Hochhüpfens zu verbinden, könnt ihr nach der Aktivierungsphase auch schon einmal versuchen, die Bewegung aus dem Stand abzurufen. Aktivieren könnt ihr euer Pferd durch Freiarbeit in höherem Tempo, viele Wendungen und, falls das auf sicherem Weg mit eurem Pferd möglich ist, auch durch Verfolgungsspiele. Es versteht sich von selber, dass ihr gerade bei dieser Art Spiel, das viele Pferde gerne aufnehmen, darauf achtet, dass ihr den gegenseitigen Abstand gut einhalten könnt und auch, dass ihr das »wilde« Spiel jederzeit stoppen und zur Ruhe bringen könnt.

Wenn das noch nicht möglich ist, könnt ihr auch durch Rückwärts und Antraben im Wechsel mehr Spannung ins Pferd bringen. Manche Pferde sind sehr schnell in energetischer Stimmung, während andere schon einiges an Action brauchen, um so richtig aktiv zu sein. Auch wenn es vorher schon einiges an Höhe beim Herumspringen erreicht hat, kann es sein, dass es nun wieder nur einen kleinen Hopser macht. Das ist dann ein vorsichtiges Anfragen, denn so ohne den Bewegungsfluss vorher wird den meisten Pferden bewusster, was sie da machen. Also dürft ihr da nicht nachsetzen und gleich mehr fordern, sondern bereits diese Kleinigkeit wieder ganz viel loben und euer Pferd bestärken, dass es alles richtig gemacht hat.

Wie könnt ihr die Übung weiter ausbauen?

Mit den ersten Hopsern mit beiden Vorderbeinen habt ihr ein Pferd, das so langsam zu verstehen beginnt, was ihr von ihm wollt. Jetzt dürft ihr es nicht gleich mit der Forderung nach mehr Höhe überfallen. Egal wie ihr mit dem Training angefangen habt – jetzt ist es wichtig, dass ihr die Hilfengebung nicht verstärkt, sondern eurem Pferd genügend Zeit lasst, sich mit den kleinen Hopsern anzufreunden und auf eure Hilfengebung zu reagieren. Mit mehr Übung und Sicherheit in der Lektion wird euer Pferd von sich aus mehr Höhe anbieten, wenn es bereit dazu ist. Ihr könnt das mit ganz viel Lob unterstützen.

Manche Pferde fangen bei mehr Höhe an, mit den Vorderbeinen nach vorne auszuholen, sobald es wieder in Richtung Boden geht. Darum müsst ihr gut auf euren Abstand achten, damit ihr nicht aus Versehen einen Huf abbekommt. In der Regel ist so ein Verhalten nicht als Angriff gedacht, sondern die Pferde haben noch nicht so viel Balance auf zwei Beinen und holen schon zur Landung aus. Bei manchen Pferden kommt es aber aus zu viel Energie sowie einem Spiel mit dem Raufverhalten und ist durchaus als kleine Herausforderung gedacht. Solange das Pferd euch dabei nicht nahekommt und den Abstand einhält, ist das einfach persönlicher Ausdruck. Sollte euer Pferd dabei aber zu sehr ins Vorwärts auf euch zugehen, solltet ihr noch mal gut an den Abstandsregeln arbeiten und die Übung zumindest eine Weile nur von der Seite aus abrufen.

Im Kurs haben wir diese Übung einmal zwei sehr gut erzogenen, aber unterschiedlichen Hengsten beigebracht. Beide Hengste kannte ich schon länger und auch die Beziehung zu ihren Menschen. Der sehr souveräne Herdenchef entwickelte dabei ein sehr ruhiges, fast majestätisches Steigen mit angewinkelten Vorderbeinen wie es seinem Naturell entsprach. Der zweite aufstrebende Hengst hatte zwar zuerst Vorbehalte, ob er sich trauen darf, entwickelte dann aber ein wildes Steigen mit nach vorne kommenden Hufen. Dabei konnte man ihm den Spaß an dieser Action förmlich ansehen, was aber in der Kombination mit seiner Besitzerin kein Problem war.

Mit zunehmender Kraft und Geschicklichkeit könnt ihr auch langsam ein längeres Steigen fordern. Dabei geht ihr ähnlich vor wie beim Spanischen

Auch ein kleines Pferd wird so ganz groß.

Gruß, wenn auch mit etwas mehr Energie, da das Steigen doch mehr Kraft vom Pferd erfordert. Zuerst passt ihr die erhobene Gerte der Bewegung des Pferdes an, bis ihr merkt, dass euer Pferd bereits anfängt, darauf zu reagieren. Dann lasst ihr die Gerte immer ein wenig mehr erhoben und fordert damit euer Pferd auf, die Stellung zu halten. Da das aber eine sehr große Kraftanstrengung und nicht zuletzt auch eine beachtliche Balanceleistung ist, dauert es einige Zeit, bis ihr es fordern könnt. Manche Pferde werden sich damit auch sehr schwertun und es nur kurz halten können.

Die Übung unter dem Reiter

Ein steigendes Pferd unter dem Reiter ist schon eine sehr beeindruckende Lektion, wenn es gewollt ist. Ungewollt kann es sehr beängstigend und gefährlich sein, wenn ein Pferd sich auf diese Art entzieht.

Mein erstes eigenes Pferd war ein Paniksteiger, der in Stresssituationen urplötzlich in die Höhe schoss und dann auch nicht mehr ansprechbar war. Da diese Pferde in der Regel sehr unsichere Steiger sind und

Steigen unter dem Reiter.

in der Situation absolut panisch, ist das sehr gefährlich und sie neigen durchaus zum Überschlag. Mit meiner heutigen Erfahrung hätte ich ihm das Steigen auf Kommando beigebracht, um ihn im Steigen sicherer zu machen und der ganzen Sache die Außergewöhnlichkeit zu nehmen.

Bevor ihr die ersten Versuche mit dem Steigen unter dem Reiter startet, sollte euer Pferd natürlich bereits sehr sicher alleine steigen und auch schon einige Routine in der Lektion haben. Idealerweise habt ihr für den ersten Versuch einen Helfer, der schon mit eurem Pferd gearbeitet hat und auch das Steigen bereits vom Boden aus abgerufen hat. Alternativ könnt ihr auch einen Helfer in den Sattel setzen, der nichts anderes zu tun hat, als euer Pferd nicht zu stören. Das klingt allerdings einfacher als es tatsächlich ist. Manche Pferde haben in dieser für sie neuen und doch etwas unheimlichen Situation mit einem Reiter auf dem Rücken, lieber die bekannte Person am Boden neben sich. Da fühlen sie sich sicherer und trauen sich die neue Übung eher zu. Beim Steigen sollte der Reiter, so weit möglich, senkrecht zum Boden sitzen, um in Balance mit dem Pferd zu bleiben. Für den Reiter fühlt sich das aber, besonders am Anfang, mehr an, als würde er nach hinten vom Pferd kippen.

Ideal für ein besseres Körpergefühl ist es, wenn ihr beim Steigen einen Spiegel habt, um eure Haltung zu kontrollieren oder einen Helfer, der euch Anweisungen gibt. Allerdings werden die wenigsten von euch einen Spiegel zur Verfügung haben. Auch wenn man dann kein direktes Feedback bekommt, hilft es, wenn ihr euch dabei filmt oder auch fotografiert. So könnt ihr zumindest im Nachhinein ein Gefühl für die richtige Haltung bekommen, denn das Selber-Sehen hilft sehr dabei.

Für den Anfang trägt euer Pferd am besten einen Sattel oder ein Reitpad, ein Stallhalfter mit Zügeln sowie Führstrick und der Reiter einen Helm. Die Zügel habt ihr dabei locker in der Hand, ohne sie zu straffen. Eine Hand am Sattel, Sattelhorn oder am Halsseil verleiht meistens Stabilität und Sicherheitsgefühl. Euer Helfer hat das Pferd am Führstrick und kann damit auch etwas die Höhe des Steigens kontrollieren und das Pferd sichern, wenn es mit Reiter unsicher ist. Das Kommando zum Steigen kommt bei den ersten Versuchen nur vom Helfer am Boden, der das übliche Kommando mit dosierter Energie gibt. Euer Pferd muss sich nun mit dem zusätzlichen Gewicht auf dem Rücken ausbalancieren.

Das wird die meisten Pferde anfangs verunsichern und so kommt dann wieder der kleine Hopser, der sich aber für ungeübte Reiter – ungeübt in Bezug auf die auf zwei Beinen stehenden Pferde – anfühlt wie ein ganz steiles Steigen. Das Gefühl für die Höhe und den richtigen Sitz muss der Reiter erst entwickeln. Das Pferd wird sich mit der Zeit auch mit Reiter immer mehr zutrauen und wieder hoch steigen. Manche Pferde verschätzen sich auch und wollen das zusätzliche Gewicht mit Schwung nach oben befördern. Hier kann dann der Helfer am Boden mit dem Führstrick einwirken und das Pferd wieder Richtung Boden holen.

Ohne alles geht es natürlich nur mit einem bereits sehr sicheren und geübten Pferd und erfahrenen Reiter.

Auch diese Pferde lernen mit der Zeit ihre Kraft und den Schwung zu kontrollieren und dosiert einzusetzen. Bis sie das gelernt haben, ist der sichernde Helfer sehr ratsam.

Wenn es nun mit Helfer gut klappt, könnt ihr es dabei belassen und einführen, dass ein Steigen unter dem Reiter nur gewünscht ist, wenn von unten ein Signal kommt oder ihr führt eine Hilfe ein, die der Reiter von oben gibt. Um ein deutliches Signal zu geben, könnt ihr eine kurze Gerte benutzen, die ihr zum Touchieren an der Schulter einsetzt. Natürlich reicht das Touchieren allein nicht aus, um ein Pferd zum Steigen zu bringen, aber wenn euer Pferd es bereits vom Spanischen Schritt kennt, wird es ahnen, was es tun soll. Lasst euer Pferd einige Male rückwärts und vorwärts gehen, um etwas Spannung ins Pferd zu bringen. Danach touchiert ihr die Schulter und nehmt wie am Boden die Gerte nach oben, um eurem Pferd die gewünschte Richtung zu zeigen. Dazu gebt ihr euer Wortkommando, zum Beispiel »Allez«.

Sollte euer Pferd das nun nicht gleich verstehen oder verunsichert sein, so verstärkt ihr nicht die Hilfen, sondern lasst euren Helfer die Hilfe vom Boden noch einige Male andeuten und dann immer weniger werden. So kann sich euer Pferd langsam an die neue Hilfe gewöhnen. Es kann schon mal vorkommen, dass sich ein Pferd verschätzt oder einfach so energiegeladen ist, dass es sehr hoch steigt. In dem Fall kommt euch der Hals ziemlich entgegen und der ist dann auch prima zum Festhalten, vor allem wenn ihr es ohne Sattel probiert habt. So ein Pferderücken kann doch recht abschüssig werden. Mit dem Gewicht nach vorne kommt das Pferd dann schneller nach unten.

Gerade in einer solchen Situation dürft ihr euch auf keinen Fall an den Zügeln festhalten. Das Pferd braucht seinen Hals, um sich auszubalancieren und wieder gut nach vorne-unten zu kommen. Also lehnt euch lieber auf den Hals und umarmt ihn richtig oder verwendet zusätzlich einen Halsriemen, um etwas in der Hand zu halten. Es hilft übrigens auch sehr beim Ausbalancieren, wenn ihr nur ein paar Mähnenhaare in die Hand nehmt. Dabei braucht ihr euch nicht einmal richtig festzuhalten, um trotzdem ein sichereres Gefühl zu bekommen.

Mein Feivel hat das Steigen auf Kommando von mir gelernt, obwohl er bereits im Steigen angegriffen hat und es ganz klar als aggressive Handlung ansieht. Dadurch, dass ich es trainiert habe, habe ich es abrufbar und auch abstellbar gemacht, das heißt unter Signalkontrolle gebracht. Er hat es nach der Klarstellung auch nie wieder als Angriff missbraucht. Allerdings setzt ihn diese Lektion ganz leicht unter Stress, wenn ich vor ihm stehe, und da muss ich sehr auf meine Energie und Körperspannung achten, damit er sich nicht an einen Angriff erinnert fühlt und Stress bekommt. Dieser Stress würde sich in einem Angriff entladen, aber er beherrscht sich, was ihm natürlich nicht guttut. Meistens bekommt er dann Schluckauf und muss erst mal eine Runde kuscheln. Es fällt ihm tatsächlich leichter, wenn er keine direkte Konfrontation hat und ich neben oder auf ihm bin.

42

Nachwort

Ich hoffe, dass ihr an den Zirkuslektionen und Tricks genauso viel Spaß finden werdet, wie ich und meine Pferde ihn haben. In meinen Kursen erlebe ich immer wieder mit ganz viel Freude, dass die Menschen richtige Aha-Erlebnisse haben, ihre Pferde ganz neu kennenlernen und ihre Reaktionen besser einschätzen können. Die Pferde sind auf einmal viel aufmerksamer und drängeln sich richtig zur »Arbeit«.

Da ich Zweitageskurse gebe, damit die Pferde genug Zeit haben, das Gelernte zu verarbeiten und am zweiten Tag zu vertiefen, sehe ich sehr oft, dass die Vierbeiner sich am zweiten Tag schon trauen, von sich aus Sachen zu probieren und auch Vorlieben zu entwickeln.

Vielseitiges Training ist so wichtig für unsere Pferde, damit sie auch lernen, sich immer wieder mit Neuem auseinanderzusetzen, und vor allem ganz viel Lob und Bestätigung bekommen.

Vergesst aber bei allem Training nicht das Wichtigste und das ist Zeit mit euren Vierbeinern zu verbringen, in der ihr nichts von ihnen fordert. Das kann das Kraulen an der Lieblingsstelle sein – und wenn ihr nicht wisst, wo die ist, dann findet es heraus –, Zuschauen beim Grasen, mit dem Pferd zusammen einfach mal in den Auslauf oder die Bahn gehen und warten, bis es zu euch kommt, und viele Kleinigkeiten mehr. Diese Zeit festigt auch eure Beziehung.

Seid jemand, auf den sich euer Pferd verlassen kann, indem ihr klar kommuniziert und auch dem Pferd zuhört. Nicht der schnelle Erfolg ist wichtig, sondern auf welchem gemeinsamen Weg ihr dazu gekommen seid, ganz egal wie lange es gedauert hat. Und vor allem: Seid stolz auf euer Pferd, auf jeden kleinen Erfolg und lasst es euer Pferd wissen. Auch Pferde wachsen mit ihren Erfolgen, egal wie klein die Schritte auch sind.

Feivel kombiniert zum Abschluss noch das Sitzkissen mit dem Apportieren an einem nicht so alltäglichen Ort dafür.

JETZT
REINHÖREN!